国際水紛争事典
Transboundary Freshwater Dispute Resolution
流域別データ分析と解決策

ヘザー・L・ビーチ　　ジェシー・ハムナー
Heather L. Beach　　　Jesse Hamner
J・ジョセフ　ヒューイット　　エディ・カウフマン
　　　J.Joseph Hewitt　　　　　　Edy Kaufman
アンジャ・クルキ　　ジョー・A・オッペンハイマー
　Anja Kurki　　　　Joe A. Oppenheimer
　　　　アーロン・T・ウォルフ
　　　　　　　Aaron T. Wolf

池座　剛　寺村ミシェル訳

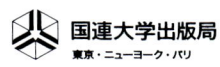

アサヒビール株式会社発行■清水弘文堂書房編集発売

WATER RESOURCES MANAGEMENT AND POLICY

Transboundary Freshwater Dispute Resolution

Theory, Practice, and Annotated References

Heather L. Beach   Jesse Hamner   J. Joseph Hewitt
Edy Kaufman   Anja Kurki
Joe A. Oppenheimer   Aaron T. Wolf

国際水紛争事典

目次

流域別データ分析と解決策

United Nations University Press
TOKYO · NEW YORK · PARIS

謝辞

このプロジェクトは、世界銀行農業自然資源部門のアリエル・ディナール Ariel Dinar 氏による発案および指導なくして、実現することはありませんでした。最終的に本書を完成させたのはチームによる取り組みではありましたが、本書の制作は根本的にディナール氏を中心としたプロジェクトでした。また、本書の草稿の校正にあたり貴重なご意見を提供してくださった、ジェローム・デリ・プリスコリ Jerome Delli Priscoli 氏、サンドラ・ポステル Sandra Postel 氏、ジェームズ・ウェスコート James Wescoat 氏、また、編集校正を担当してくださったリリー・モンク Lili Monk 氏に心より謝辞とお礼を申しあげます。

This volume is a translation of Transboundary Freshwater Dispute Resolution by Heather L. Beach Jesse Hamner J. Joseph Hewitt Edy Kaufman Anja Kurki Joe A. Oppenheimer Aaron T. Wolf Published by the United Nations University Press, Tokyo, New York, Paris, 2000
© The United Nations University, 2000
© Shimizukobundo Shobo, Inc., Japanese edition, 2003

序文 8

はじめに 10

1 理論 12

1.1 組織理論 12

制度と法 12

水をめぐる交渉と制度の許容範囲 12　　国際水関連法 14

水文学vs年表学 16

要約 19

交渉理論 20

紛争 20　　解決策 23　　ケーススタディ――実例と総括 31

要約 34

1.2 経済理論 35

最適化モデル 35

最適化モデルと地域計画 35　　ソーシャル・プランナー・アプローチ 36

地域間および地域内における配分 38　　市場 38　　ケーススタディ 38

要約 40

ゲーム理論 40

2 実践 46

2.1 水抗争 46

比較分析とケーススタディ 46
　　水紛争の可能性を予測する 47　　紛争の種類と緊張度の指標 49
　　交渉における障害 51　　国内抗争 vs 国際抗争 51
要約 53
水に関する条約 53
　　文献考察 55　　近代の水関連条約における背景 55　　方法論 56
　　データベースとその内容 57
要約 64

2.2 環境抗争 65

環境の安全保障 65
　　歴史 66　　概念の定義 66　　論争 68　　議論の総括 71　　越境的資源としての水 72
要約 72
その他の資源 73
　　資源不足問題の深刻化 73　　石油 74　　土地 75　　道路 77
　　釣り 77　　大気汚染 77　　地球温暖化 78
要約 79

3 結論と要約 81

3.1 結論と要約 81

4 国際水紛争事典 85

4.1 ケーススタディ　85
　　越境的な抗争解決のケーススタディ事例一覧　85
　　　　ダニューブ川流域 90　　ユーフラテス川流域 94　　ヨルダン川流域 97
　　　　ガンジス川論争 101　　インダス川条約 105　　メコン川委員会 110
　　　　ナイル川協定 114　　プラタ川流域 118　　サルウィン川流域 120
　　　　アメリカ合衆国・メキシコ共有帯水層 122　　アラル海 124
　　　　カナダ・アメリカ合衆国国際共同委員会 128　　レソト高原水計画 131

4.2 条約リスト　133

索引　249

著者
ヘザー・L・ビーチ
ジェシー・ハムナー
J・ジョセフ・ヒューイット
エディ・カウフマン
アンジャ・クルキ
ジョー・A・オッペンハイマー
アーロン・T・ウォルフ

＊日本語版では、原著の『参考文献とその解説』（Annotated Literature）『参考文献目録』（Bibliography）を省略しました。専門家の方で、そのデータを必要とされる方は、原著『Transboundary Freshwater Dispute Resolution』をご購入ください（問い合わせ先　国連大学出版局　Tel 03－5467－1313　Fax 03－3406－7345［2003年9月現在］）。

S T A F F

PRODUCER 川村 光 *(アサヒビール株式会社環境社会貢献担当執行役員)* 礒貝 浩
ART DIRECTOR 礒貝 浩
DIRECTOR あん・まくどなるど
EDITOR 教蓮孝匡
COVER DESIGNERS 二葉幾久 黄木啓光 森本恵理子 *(ein)*
DTP OPERATOR 石原 実
PROOF READERS 二葉幾久 上村裕子 小塩 茜
■
STAFF 秋葉 哲 松崎文哉 茂木美奈子 *(アサヒビール環境社会貢献部)*
■
制作協力 ドリーム・チェイサーズ・サルーン *(旧創作集団ぐるーぷ・ぱあめ)*
翻訳助手 岡田直子

※この本は、オンライン・システム編集と*DTP(*コンピューター編集*)*でつくりました。

ASAHI ECO BOOKS 8

国際水紛争事典 流域別データ分析と解決策

ヘザー・L・ビーチ　ジェシー・ハムナー　J・ジョセフ・ヒューイット　エディ・カウフマン　アンジャ・クルキ　ジョー・A・オッペンハイマー　アーロン・T・ウォルフ著

アサヒビール株式会社発行■清水弘文堂書房発売

池座　剛　寺村ミシェル訳

序文

　本書は、水の品質や量をめぐる世界各地の問題、およびそれらに起因する紛争管理に関する文献を包括的に検証したものである。水不足に端を発する抗争について、最近の傾向や予測は、問題に対する効果的かつ適時な取り組みの必要性を示唆している。これまで、紛争防止に向けた積極的な取り組みに対して、悲観的な見解が圧倒的に多かった。このような傾向は、多国間における協力的な取り組みに悪影響を与え、単独国による短期的な利益の追求を増長させ、時として軍事力の拡大を招く。これまでこのような国際的な地表水紛争に関して包括的かつ学際的な分析は、ほとんどなされてこなかった。紛争解決に関しては、断片的な研究結果や非体系的かつ実験的な試みしか存在しなかったのが現状である。

　この報告書では、越境的な水抗争および紛争解決の研究にもとづいた見解を紹介している。後者は、政治地理学、経済学、水文学(すいもんがく)の研究を取り入れたものである。また、形式モデリング、紛争解決、環境・自然資源の専門家の知識も参考にした。この報告書のデータには、2国間・多国間協定や一般原則、および個別のケーススタディなど、事実にもとづいた情報が多く含まれている。

　本書で検証された文献は、多分野において膨大(ぼうだい)な調査や分析がなされている一方で、水やその他の環境資源紛争に発展するような特定の状況については、さらなる研究の必要性があるということを示唆している。水平比較研究と称される、あらゆる自然資源紛争の類似性を理解する試みは、将来の紛争の予測や防止に適用されるであろう。

　本書で行なわれた国際水域に関する調査では、200以上の国際水域から収集された参考データや一般データが提供されている。1つか2つの河川水系を共有している国々もあれば、複数の河川水系を共有している国々もある。インド・バングラデシュ合同河川委員会の測定によれば、両国は140もの支流水系を共有している。前向きな結果としては、水が有限かつ必要不可欠な資源であるために、対立関係にある近隣諸国を（しば

しば水以外の外的な動機づけも加わり）時として協力関係へと向かわせることもある。また、あらゆる国際水域を網羅したケーススタディについても、詳細にわたり検証されている。それに関連して、水に関する条約の情報収集と分析、およびこれらの条約の部分的な実施状況についても解説を加えている。

はじめに

　本書の目的は、水抗争および水に関する条約などの文献を検討し、過去そして現在の水抗争がなぜ起きているのかを理解したうえで、将来似たような抗争を未然に防ぐために学ぶべき教訓を探しだすことにある。本書では越境的な淡水に焦点があてられているが、「越境的」という言葉は、国家や準国家的な政治単位、経済セクターおよび利益団体などにまたがる、または共有される水域を意味する。国家間にまたがる水域については、より具体的に「国際水域」と称される。また、環境資源に関するセクションでは、さまざまな自然資源紛争の類似性を理解する試みである、水平比較研究が紹介されている。このような試みから得られる教訓は、将来的な水抗争の解決に活かされるであろう。

　本書は、理論の章と実践の章に分けられている。1.1の組織理論では、制度や法律をつうじた「越境的な淡水域」(transboundary freshwaters)の管理に関する理論体系が考察されている。また、交渉理論についてのセクションでは、紛争の分析と解決策について幅広く吟味し、個別および比較ケーススタディ分析について記述されている。1.2の経済理論では、最適化の技法やゲーム理論モデルなどの理論体系を用いて、「越境的な淡水域」の配分や利用に関して詳細に述べられている。2.1の水抗争では、一般的な水抗争における背景の探究、およびさらに深く掘りさげた比較分析が行われている。この分析では、4.1のケーススタディで詳しく述べられる個々の紛争に関するさまざまな問題を検討している。また、国際水域に関する条約の歴史についての議論も含まれている。この箇所では、条約のデータベースに関する詳しい要約が記載されている。2.2の環境抗争では、「環境の安全保障」という環境に関する理論体系における比較的新しい概念について、総括的な概要が紹介されている。また、水以外の資源に関するセクションを設け、石油、漁業、大気などの自然資源をめぐる紛争の原因や種類について議論されている。3では、これまでの結論がまとめられている。4の「国際水紛争事典」

（原著では「付属書」というタイトルがついている）では、前半で展開された理論体系に対する補足資料が掲載されている。4.1では、14の水抗争の事例が詳細に考察されている。4.2は、コンピューターによりまとめられた国際的な水に関する条約の一覧表であり、現時点では140の条約が含まれている。（原著の参考文献リストに記載されている資料のうち、主要なものを概要つきで目録にした「参考文献とその解説」(Annotated Literature) と引用された1100冊以上の「参考文献目録」(Bibliography) は、日本語版では省略）

本書では、専門的な解決策に関しては取りあげていない。というのも淡水をめぐる抗争解決において、技術的、水文学的、組織的な要素もきわめて重要ではあるが、最終的には、自治権を持つステークホルダー同士による交渉過程に大きく左右されるからである。したがって本書では、政治的および社会的な要素や抗争解決の手法に焦点が置かれている。デリ・プリスコリ Delli Priscoli (1989年) が述べているように、技術者や科学者たちは、水資源に関して分析的解決策にとどまらず、合意形成に役立つ社会科学からの手法を取り入れるべきである。それこそがまさに、本書のねらいである。なぜなら、水をめぐる政治は一般的に大きな難題と見なされており、ビスワス Biswas (1993年) も述べているように、水資源の国際的管理に関する問題は、ここ30年間、しかるべき注目を与えられてこなかったからである。

本書の制作は、国際的な地表水をめぐる紛争の包括的かつ学際的な分析を行う「越境的な淡水域抗争プロジェクト」(Transboundary Fresh Water Disputes Project) の援助を受けて行われた。「越境的な淡水域抗争プロジェクト」は、迅速な数量的・質的な状況分析、紛争の防止・管理を目的とした早期介入の手段や戦略的枠組みの作成に取り組んでいる。この文献調査は、水抗争の解決策と水条約に関するものであり、世界銀行調査委員会 (World Bank Research Committee) の助成準備基金から一部の資金援助を受けている。また、調査の大部分は1996年に行われた。

1 理論

1.1 組織理論

制度と法[*1]

　水が政治的境界を無視して流れていると同様に、水流の管理もまた制度の許容範囲にはおさまらない。一般的に、水流の管理者は、水域を1つの管理区画（地表水と地下水、水量と水質など、すべてが関連しており切り離して考えられない）とする概念を理解し支持しているものの、従来の資源管理体制で、このような概念にもとづいているものはきわめて稀である。以下のセクションでは、水に関する国際制度と法規の現状について検証している。

水をめぐる交渉と制度の許容範囲

　フレデリクセン Frederiksen（1992年）は、世界中の水資源制度の原則および取り組みについて述べている。彼によれば、水に関する制度において、継続的評価、包括的検証、活動の一貫性などが徹底されることが理想であるが、実際にそのような統合的な視野が取られていることは稀である。むしろ、数量的な決定における質的配慮の欠如、権利配分における具体性の欠如、企業間の政治権力の不均衡、水に関する意思決定プロセスにおける全般的な環境問題への配慮の欠如などが指摘されている。バック Buck ら（1993年）は、アメリカ合衆国と旧ソビエト連邦で起きた水紛争の比較を行い、「制度の必然性」について論じている。フェイテルソン Feitelson とハダド Haddad（1995年）は越境的な地下水に関する特定の制度的な取り組みについて研究している。

　これらの問題を国際的な規模で取りあげるために、国際機関がさらなる制度的役割

を担う必要がある、と指摘する声もある。リー Lee とディナール Dinar（1995年）は、水流域計画、開発、管理などの統合的な取り組みの必要性について説明している。ヤング Young ら（1994年）は国際、国内、地域、地区の各レベルにおける管理階層間の調整を目的としたガイドラインを提示している。デリ・プリスコリ Delli Priscoli（1989年）は、水紛争管理における住民参加の重要性を指摘している。彼は、その他の研究（1992年）において、世界銀行の水資源問題の処理における「代替抗争解決策」（Alternative Dispute Resolution: 以下 ADR と表記）の可能性を力説している。トロールダレーン Trolldalen（1992年）もまた、国際連合（以下国連と表記）における環境紛争解決を年代ごとに記し、国際河川についての章を設けている。最近では、世界水会議の創設にあたり、4つの主要課題のうちの1つである「水に関する国際制度的枠組み」が提唱されている（世界水会議会報［WWC Bulletin, 1995年12月］）。

　ポジティブな観点を持つと同時に、抗争解決の原則につきまとう困難さが、越境的な資源交渉にかかわる政府および非政府組織に、実感として浸透しつつあることを認識する必要がある。現状において ADR の最初の障害となるのは、科学的分析と政策分析にかかわるものである。オザワ Ozawa とジュスキント Susskind は次のように指摘している。

「科学的な助言は（時として）国家の政治的な要求を正当化するための道具として利用される。逆に科学的分析は、費用便益の配分に関する懸念を、専門的な理論づけという建て前で覆い隠し、政策抗争を歪曲させてしまう」（1985年: 23）。

　このような科学と政策分析の希薄な関係が、問題を悪化させることになる。なぜなら外交官がおもに政治学ないし法学の教育を受けているのに対して、資源紛争の評価を担当する有能な科学者たちは、外交や政策分析の技能を持ちあわせていないからである。
　2つ目の障害として、国際水抗争における ADR の有用性を低下させているのは（1つ目ほど深刻ではないが）、ADR の実施者と分析者との関係である。ザルトマン Zartman（1992年）は環境抗争において実施者が一般的にとる手法について論じている。その1つとして、抗争の当事者が問題を明確に認識することで、感情面から切り離

して冷静に対処できるという「問題解決法」があり、これは「有機的な駆け引き」とも考えられる。2つ目に、データを解明する過程で解決策が明らかになるような、情報をめぐる抗争の例もある。しかしザルトマンは、これらの考え方は不完全であり、「紛争について解明しそれに向きあうというより、むしろ問題から遠ざかっているように見える」(1992年: 114) と述べている。彼はまた、ADR分析者による実例をもとに、紛争の性質および利害の衝突を理解するための手順を提示している。「紛争の本質に含まれるのは関係者間の利害衝突であり、問題解決に含まれるのは紛争管理の必要性である」(1992年: 114)。

このような科学と政策、および実施と分析のあいだの障害が加わることにより、紛争解決の過程は複雑で不完全なものとなる。そしてこれらの障害が重なると、問題に対する「最善」(パレート最適性 [Pareto-optimal] または双方に有利となる状況) な解決策を見いだすことが不可能になる場合もある。紛争解決の結果のみでなく、その過程に焦点を置くことによって、より必要とされる大胆な手法、さらには予測可能な要素に着眼できる。

国際水関連法

カノ Cano (1989年: 168) によると、国際水関連法の具体的な体系化は第1次世界大戦後に始まった。このころから、国際法にかかわる諸機関は需要の高まる水利用に関する枠組みの策定を急ぎ、世界の水域に適用可能な一般ガイドラインに焦点をあててきた。これらの慣習法の一般原則は「ソフト・ロー」と呼ばれ、諸問委員会や民間組織により成文化され序々に発展してきた。この一般原則は法的拘束力は持たないものの、慣習法の存在を提示し、慣習法を具体化させるものである。これらの一般原則は、明確で拘束力のあるルールとしてとらえるよりも、むしろ紛争解決の過程における指針と考えるほうが適切である。

例えば、「集水域」という概念は1966年のヘルシンキルールにおいて国際法協会 (International Law Association) に受け入れられ、同時に一般水流の「適切かつ公正な」共有のためのガイドラインが提供された (カポネラ Caponera、1985年)。第5条では「適切かつ公正」[*2]の定義に必要な11以上の要素が記載されている。これら「適切な利用」についての要素に優先順位はなく、すべての要素をもって全体と見なされる。ヘ

ルシンキルールの法思想における重要な転換は、単なる水利用に関する権利ではなく、その「有益な利用」に関する権利が提示されたことである（ハウセン-クーリエル Housen-Couriel、1994年: 10）。ヘルシンキルールが水利用を定義するために使用されたのは、メコン委員会が1975年に「諸原則についての宣言」の制定において「適切かつ公正な利用」を定義した際の1度きりであるが、そこでは具体的な配分については決定されなかった。[*3]

1970年に国連がヘルシンキルールを検討した際に、その草案作成工程の包括性について、異議を申し立てた国もあった。また、ビスワス Biswas（1993年）によれば、さらに重要な点として、集水域アプローチが主要であることに対し、国家自治権の侵害であるとして異議を唱える国々（例えばブラジル、ベルギー、中国、フランスなど）もあったという。他の国々、とくにフィンランドとオランダは、もっとも「合理的かつ科学的な」管理の単位は水域であると主張した。ほかに、各水域の複雑さや固有性からして、一般的体系化の試みは無意味であるとする国々もあった。1970年12月8日に、国連総会はその法的諮問機関である国際法委員会（International Law Commission）に、「航行以外の水流利用に関する法律の体系化」（Codification of the Law on Water Courses for Purposes other than Navigation）について研究するよう指示した。

法的・水文学的な複雑な要素を統合することがいかに困難であるかは、1977年にマル・デル・プラタでの国連水会議でさらなる体系化が要求されたにもかかわらず、国際法委員会がその任務を完了したのが、まだ最近であることからも立証される。例えば「国際水流」という用語を定義するだけでも1984年までかかっている（クリシュナ Krishna、1995年: 37 – 39）。政治的・水文学的な問題が、この定義づけを遅延させた。1974年に加盟諸国を対象に行なわれたアンケートでは、回答者の約半数（8年間で回答率は20％）が「集水域という概念を支持し（アルゼンチン、フィンランド、オランダなど）、残りの半数（オーストリア、ブラジル、スペインなど）はこれに強く反発するか、あるいは立場を明確に示さなかった（ビスワス、1993年）。「流水系」には流域という意味も含まれており、この考え方は国家自治権を脅かすものとされた。氷河や国境地帯の帯水層のようなどちらとも決めがたい問題（現在では除外されている）に関して決定をくださなければならなかった。1994年、任務開始から20年以上のちに、国際法委員会は32項にわたる条項の草案を採択し、それらは改定を経て、1997年5月21日に

国連総会にて「航行以外の国際水流の利用についての法律に関する条約」(Convention on the Law of the Non-Navigational Uses of the International Watercourses) として採択された。

　この条約には、ヘルシンキルールときわめて類似した文言が使用されており、国際水域沿いに位置する河川周辺諸国に情報共有と協力を義務づけている。その中には、データや情報の交換、将来の被害に関する通告、生態系の保護、そして緊急事態のための条項が含まれている。配分に関しては、曖昧ながらも肯定的な言葉で示されている。「大きな害を与えない義務」と並列に重要とされるのが、各水域国家における「適切かつ公正な利用」であり「最大利用と利益を目的としている」。「適切さ」と「公正さ」に関しては、7つの要素にもとづき、ヘルシンキルール*4と同様の定義づけがなされている。この条文では、これらの要素の優先順位については触れていないが、第10条では「協定ないし慣習が存在しない場合、いかなる利用も他の利用に優先されず」、「利用をめぐり対立が生じた場合は、人間にとって必要不可欠な要求事項に対し特別な配慮をすることで（問題を解決させる）」と述べられている。

　適切ではあるが曖昧なこれらの文言を、実際の水紛争にあてはめようとすると、問題が生じる。例えば、河川周辺諸国の立場や結果的な法的権利は国境線の修正に左右されるという現実は、いまだ世界的に認識されていない。さらに国際法も、国家的な権利や義務のみを対象としている。したがって、ヨルダン川のパレスチナ人やユーフラテス川のクルド人のように、水権利を要求する一部の政治勢力は認識されないことがある。

水文学 vs 年表学

極端な原則

　国際慣習法は、世界の水域に対応する一般的なガイドラインの提供に焦点をあててきた。このようなガイドラインが存在しない場合、交渉における河川周辺諸国間が、水域における自国の位置関係を理由に、さまざまな原則を主張する事例が後を絶たない。水権利をめぐる多くの対立は、水文学上（河川や帯水層の源流の位置や1つの国がその領域をどれだけ所有しているか）または年表学上（どの国が水をもっとも古くから利用してきたか）の問題に起因する。

通常、初期の主張は極端なものである（ハウセン-クーリエル Housen-Couriel、1994年; マシュウズ Matthews、1984年）。多くの場合、河川上流国が最初に主張するのは「絶対統治権の原則」である。この原則はハーモン原則として知られおり（この名前はリオ・グランデ川をめぐるメキシコとの抗争時にこの原則を主張した19世紀のアメリカ法務長官にちなんで名づけられた）、国家はその領域内に流れる水に関する絶対権利を保持する、というものである。この原則は最終的にアメリカに受け入れられず（アメリカ自体、カナダを源流とするいくつかの河川の下流国でもある）、いかなる水協定に施行されることもなく、国際水法規の判決材料として使用されることもなかった。にもかかわらず、ハーモン原則は国際法の原則の1つとして、多くの文献において強調されている。

下流国による極端な主張は、多くの場合、その地域の気候条件に左右される。多湿な水域では「河川地域の絶対的融合の原則」が主張され、その原則では、すべての国にはその国境をとおる河川水系の水利用権が認められる。この原則は、絶対統治権と同じくらい国際社会では受け入れられがたいものであった。乾燥した水域および南国の水域（上流地域は多湿だが下流地域は乾燥している）においては、多くの場合下流国には昔からの水設備があり、それを保守しようとする。昔から利用していた者に優先的に利用権が与えられるという原則は「歴史的権利」（アメリカでは「プライアー・アプロープリエーション」[prior appropriations]）と呼ばれており、「先に利用していた者が、優先的に権利を所有する」という原則である。

これらの対立する水文学的原則と年表学的原則は、関係諸国のそれぞれの立場にもとづいた主張に使われ、多くの国際河川において衝突を起こしている。多くの場合、イラクやエジプトなどの下流国は上流国よりも雨量が少ないため、歴史的にも長いあいだ河川水に依存してきた。結果的に、近代の「権利をめぐる」抗争では、上流国（エチオピア、トルコなど）は絶対統治権の原則を主張するのに対し、下流国は歴史的権利を主張する。[*5]

緩やかな原則

交渉において極端な立場に執着することにより、駆け引きの余地が少なくなることは明らかである。最終的に多くの国家が、統治権や河川の絶対的な融合性を受け入れ

るにつれて、権利の要求は次第に緩やかなものになる。「制限つき領土統治権の原則」は、周辺諸国へ害を与えないことを条件とした、国際水流の適切な利用権を意味する。

実際には、「適切かつ公平な利用」と「大きな害を与えない義務」との関係が、水文学（すいもんがく）と年表学のあいだにある議論のより微細な現れである。上記したように、条約には両方の概念に関する条項が含まれてはいるが、それらの優先順位は明記されていない。関連する条項は以下のとおりである。

第5条: 適切かつ公平な利用と参加
1. 水域国家は、それぞれの領土において適切かつ公平に国際水域を利用する。とくに国際水域に関しては、水域の最適かつ持続可能な利用と水域からの利益が確保されるよう、水域国家が利用・開発する。またその際、関係する水域国家の利害を考慮に入れ、適切な水域保全の障害にならないよう配慮する。
2. 水域国家は、国際水域の利用・開発・保全を、最適かつ公平に行なう。本条約では、それにともなって水域の利用権、および水域の保護・開発の義務が含まれる。

第7条: 重大な損害を国へ与えない義務
1. 水域国家は、自国の領土内における国際水域利用において、水域国家へ重大な損害を与えないためにあらゆる手段を施行する。
2. 国へ重大な損害を与えた場合は、とくに合意が交わされていない限り、第5条、第6条に従い、その損害を排除あるいは緩和するためにあらゆる手段を施行する。また、場合によっては賠償措置も検討する。

第10条: さまざまな利用方法における関係性
1. 国際水域を利用する際、とくに合意あるいは慣行が存在しない限り、国の昔からの優先利用を妨害してはならない。
2. 国際水域の利用をめぐる紛争時には、人間にとって必要不可欠な条件を重んじ、第5条から第7条に定められた原則・要素に従い、解決にあたること。

当然のことながら、上流国は、2つの原則のうち「公平な利用」を支持する。なぜな

らこの原則では、現在主張される需要と、過去からの継続的な需要とが同じ比重で扱われるからである。反対に、下流国は、「重大な損害を国へ与えない義務」という原則を主張する。それはつまり、昔からの利用権を保護する歴史的権利の原則を意味するからである。

カッサネ Khassawneh（1995年: 24）によれば、国際法委員会計画の特別報告員は、当初「公平な利用」の原則を支持していたが、3番目の報告員に就任したJ・エバンセン J. Evensenと、最後の報告員であったスティーブン・マキャフリー Stephen McCaffreyは「重大な損害を国へ与えない義務」の支持を主張した。報告員たちだけでなく、評論家たちもまた、この2つの原則の位置づけに関して頭を悩ませていた。カッサネ（1995年: 24）は、後者の報告員たちの正当性を支持し、「重大な損害を国へ与えない義務」を優先させることを主張した。しかし同じ文献の中で、デラペンナ Dellapenna（1995年: 66）は「公平な利用」を支持している。世界銀行は、みずからが支援する事業に関して、国際法の一般的な原則を遵守しなければならない。彼らは、理論上では「公平な利用」の重要性を認識しているものの、実際にはより定義が明確である「重大な損害を国へ与えない義務」を優先させ、すべての関係諸国の承認なしには、大きな害を与えるような事業に援助しないこととした。（世界銀行、1993年: 120；クリシュナ、1995年: 43－45参照）。

希少水資源の共有に関する原則は次第に進化をとげ、それにつれて内容的にも緩和されてきてはいるが、論争の主要原因はいまだに各国の権利に関するものであり、水文学と年表学との根本的対立にある。最終的な合意は、実用的というよりは柔軟性を欠いたものになることが多く、流域内の変動的な人口・文化的要素は考慮されないことが多い。また慣習的に、法的解釈や政治的便宜のために曖昧な言語（「適切」「公平」「大きな害」など）が使用されており、これらは交渉の際の厳密な定義づけを困難なものにする。さらに、航行およびその他の消費以外の利用を排除することにより、合意形成における交渉者たちの「利益の拡大」を妨げる結果になりかねない。

要約

水は国境だけでなく、制度および法をも無視して流れている。その総合的な関連性から、水の自然な管理区画、すなわち流域（水量、水質、地表水、地下水のすべてが相

互的に関連している)は制度や法の許容範囲を越えることが多々ある。国際的な水制度に関する分析からは、数量的な決定における質的配慮の欠如、権利配分における具体性の欠如、企業間の政治的権力の不均衡、水に関する意思決定プロセスにおける全般的な環境問題への配慮の欠如などが指摘されている。ごく最近になって、このような問題が世銀、国連、世界水会議などによって取りあげられるようになった。

慣習法についての原則は、どれも等しくとらえがたいものである。1997年の条約は、法律と水文学(すいもんがく)の複雑性を調和させることの困難さを物語っている。条項には、協力と合同管理に関する責任など、協力体制についての重要な原則が多く明記されている。一方で、上流国と下流国間の特有な対立に関しては、公平な利用の原則と国へ大きな害を与えない原則の両方をもとに成文化された。また、多くの水紛争の焦点となる水配分に関しても、実用的なガイドラインを提供している。特定地域を対象とした条約は、一般的な法原則と比べて創造性と柔軟性に富んでおり、「利用 vs 損害」における論争を回避するため「権利をめぐる」合意から「需要をめぐる」合意へと移行した。

交渉理論

このセクションは、大きくわけて以下のように分類される。

(a) 紛争(分析)と、より重点の置かれる (b) 解決策(予測)には、自然資源、国内における「越境的な淡水域抗争の解決策」(transboundary freshwater dispute resolution) に関する参考資料が含まれている。また、モデリングとゲーム理論に関しては「ゲーム理論」のセクションで触れられている。2つ目の研究課題として、(c) 個別ケーススタディ、比較ケーススタディ、総括についても短く論じている。簡略化のため、本書では一般的に「紛争解決」(conflict resolution) という言葉が使われているが、「紛争」よりも小規模な対立を示す場合には「抗争」(dispute) という言葉を使用している。また、「終結」(termination)、「解除」(dissolution)、「削減」(reduction)、「管理」(management)、その他の形容詞は「解決」(resolution) とは異なる意味で使用されている。

紛争

「越境的な淡水域抗争」(transboundary freshwater disputes) の要因の多くは、自然資源としての水の複雑性に起因している。急激な人口増加や再生可能な水供給の減少

によって1人あたりの水需要が増加している中で、グレー Grey（1994年）は、人間の居住地および資源としての環境の「許容量」について、憂慮すべき数値を割りだしている。一方ポステル Postel は、入手できる再生可能な水の供給に関して冷静な分析をしており「世界的な観点から見れば、淡水はいまだ豊富に存在する」とし（1984年: 7）、一般的生活水準の維持が可能であると述べている。しかしながら、水の配分は不均等であり、問題となる地域のほとんどは人口増加率が高いアジアおよびアフリカ大陸に集中しているのが実情である。深刻な問題として懸念されるのは、管理の体制を誤れば、2000年には世界の利用可能な水の4分の1が安全基準に満たなくなるかもしれないということである（1999年著者執筆時の見解）。ファルケンマルク Falkenmark とウィドストランド Widstrand（1992年）は、20か国以上の国がすでに「水不足」に見舞われているという結論を発表した。（1人あたり1000 m^3 以下の再生可能な水資源）。

マザー Mather（1989年）は、アフリカ大陸の河川および湖水域における資源開発を計画する際の必須条件として、開発の妨げとなる制限要因を理解することが重要であると述べている。つまり、物理的・気候的な障害、社会文化的特性、国内経済における現在の最優先課題を考慮する必要があるということである。

一般的な環境変化が淡水に与える影響についても議論されており、グレイク Gleick の「水の危機」（Water in Crisis, 1993年）では、とくに詳細にわたり研究されている。またこの研究は、生態系に影響する水の量的・質的問題や、衛生問題、農業問題などに関しても豊富な情報を提供している。これとは別に、グレイク（1988年、1990年、1992年）の将来的な気候変動に関する研究では、海面の上昇、降水時期および分布の変化、再生可能な淡水への汚染物流入など、気候変動が与える影響に関して論じられている。既存の人口増加問題や気候変動問題に加えて、淡水の需要増加は、河川や湖、安全保障体制などを共有してきた国家間の関係を揺るがす問題である。新しいコンセプトとしては、「環境の安全保障」が本書の2.2にて議論されている。政治や単独国による経済開発戦略は、すでに述べた問題をさらなる危機状態へと悪化させ、グレイクおよび他の研究者ら（ホルソン Ohlsson、1992年、イスマエル・セラゲルディン Ismael Serageldin からの引用を表紙に使用）も、21世紀における水をめぐる戦争の脅威を示唆している（グレイク、1993年: 108 – 110）。

フレデリクセン（1992年）は、インドの「サルダール・サロヴァル計画」について、

誘導的アプローチを用いた記事「Water Crisis in the Developing World」の中で、途上国の危機分析に関して、行動のために許される短い時間、必要な水を確保するための限られた手段、適切な手段を確保するための資金援助への競争、予測不可能な干ばつを管理する最小限の能力などを考慮する必要性について主張している。

その他の紛争関連の要因は、ステークホルダー、個人、グループによる異なる価値観、信条、態度などに関するものであり、それらは、リンLynneら（1990年）のフロリダにおける水管理体制の研究で説明されている。未解決の紛争においては、制度的な処置を施す一方で、これらの障害要因についても考慮する必要があることは明らかである。フロリダの研究は効果的な管理体制の例ではあるが、さらなる改善の余地が残されている。

戦争の原因となる水問題の悪化については、アンダーソンAnderson（1991年）により取りあげられている。彼は地理的位置関係、国益、軍事、政治・経済などが水に関する政治問題に与える影響について述べ、河川周辺諸国間の紛争の起こりやすさについて論じている。

ブラウンBrown（1987年）やキャッシュマンCashman（1993年）に代表される、戦争の要因を総合的に取り扱う書籍では、とくに水紛争に重点が置かれていないのは興味深い。しかしウォルフWolf（1996年）は、しばしば議論される過去の戦争の原因として、水紛争を挙げている。グレイク（1993年）の水をめぐる歴史的な紛争の研究では、水が戦争の道具としてどのように利用されてきたかについて述べているが、水はかならずしも自然資源の管理をめぐる戦争の主要因ではないとしている。とはいえ、水資源共有の必要性の決定要因としての地政学の重要性は、2国間および地域間の関係に深刻な危機をもたらすこともある。また、多くの著者が水をめぐる暴力への発展を主要テーマとして扱っており、今後の水紛争の深刻さを表している。クラークClarke（1991年）は淡水不足、貧困、人口爆発などが国際的な水危機の原因であると述べ、これらの紛争を回避する解決策は伝統的かつ技術的な方法であると主張している。クイッグQuigg（1977年）は「2000年度の水課題」（Water Agenda to the Year 2000）において水問題に関する包括的な概要をまとめ、水資源（飲料水、効率的な灌漑、涵養および水脈採掘、産業リサイクル、水域保全、湿地帯、乾燥地帯など）の開発について議論している。また、排水やその処理方法（排水規準、都心および農業排水、有毒廃棄

物、地下水、下水処理および下水設備など)に関しても研究し、食糧やエネルギーと同様に、水もまた希少かつ限りある資源であることを認識する必要があると論じた。

より政治的な観点から述べると、紛争解決の障害となるのは、越境的な水流にかかわるステークホルダーの数の多さではなく、ステークホルダー間の力の不均衡によるものである。国際的な状況において、権威的な配分基準なしでは、各国は妥協を拒むだろう。しかしクラズナーKrasner (1985年) は、このような力の不均衡は克服可能な問題であると考えている。

激化した紛争や長期間にわたる紛争の場合、研究者によっては「越境的な淡水域抗争の解決策」を「ローポリティックス」として扱い、抗争全体においては「ハイポリティックス」に対し二次的な問題とすることも多い (ロウィ Lowi、1993年)。中東問題がこの例としてよく取りあげられる。デ・シルバ De Silva (1994年) は、南アジアにおける解決困難な政治紛争に関して同様の指摘をしており、今後起こる紛争は、水や灌漑作業などの希少資源の共有をめぐり、さらに激化するだろうとつけ加えている。

解決策

以下では、将来的な「越境的な淡水域抗争」について、各課題に対する主要な取り組みごとに分類している。

紛争解決の一般理論
1. 一般理論

紛争解決に関する一般理論では、国内および国際的な「越境的な淡水域抗争」について、一般原則やさまざまな紛争の種類(近隣諸国間の関係、国境問題、地域の少数民族間の対立、経済的搾取など)に焦点を置いて詳しく論じられることは少なかった。具体的には、ケルマン Kelman (1990年) やアザー Azar (1990年) の傾向として、民族政治紛争や領土紛争を中心に取り扱っている。またダイアモンド Diamond とマクドナルド MacDonald (1992年) によるマルチトラック外交や、モントヴィル Montville (1987年) による「トラック2外交」でも、水紛争は直接取りあげられていない。コーフマン Kaufman (1996年) は、関係者たちが初期の対立段階から合意へと到達するための紛争解決の実践的な演習を紹介しており、「越境的な淡水域抗争の解決策」に対しても適

用可能な枠組みを提供している。

　一方、交渉の手法としての問題解決ワークショップの利用は、特定の自然資源問題の分野において幅広く検討されてきた。ビンガム Bingham（1986年）は、アメリカ合衆国における環境抗争を10年間にわたり調査し、「合意形成、共同の問題解決、交渉などをなんらかの形で含む任意プロセス」と定義される紛争解決法の発展について研究してきた。なお、これには訴訟、行政手続き、調停などは含まれない（p. xv）。これらの手法は、少なくとも160以上の事例に利用されてきた。132の事例における関係諸国の目標は解決策を見つけることであり、そのうちの78％は合意に到達することができた。この膨大な事例リストの約10％は、水供給、水質管理、洪水管理、水生植物の熱的効果など、水資源に関する事例であった。また、水域管理、漁業権、急流でのリクリエーションに関する事例もあげられていた。成功要因、多様なステークホルダー、交渉にかかった期間などに関する観察をとおして、数多くの興味深い発見があった。ビンガムらは、合意形成の初期段階の1つとして、データ収集において主要要因を共同認識することの重要性を強調しているが、このプロセスは複雑かつ専門的な課題を多く含んでいる。

　より環境紛争解決に特化した研究を行なったザルトマン（1992年）の論文「国際環境交渉」（International Environmental Negotiation）では、主要課題の特定および交渉関係者への最大限の配分提供などについて論じられており、この分野におけるジェネラリストと専門家の関連を示している。ドラックマン Druckman（1993年）による「柔軟な交渉のための状況的手法」（Situational Levers of Negotiating Flexibility）では、オゾン層破壊に対する排気規制の国際交渉シミュレーションにもとづき、膨大な量の調査が行なわれた。この調査により、広範にわたる多数の要素（課題、背景要素、前後関係、協議・チームの構造、現状）の整理、交渉前から交渉終結までの各段階における分析が行なわれ、初期の硬直状態から新たな解決にいたる過程への可能性が示された。

　自然資源問題における判決への代替的な紛争解決法である ADR の効果を体系的に評価する試みは、マクドネル MacDonnell（1988年）の「ナショナル・リソーセス・ジャーナル」（Natural Resources Journal）の（国際および国内紛争に関する）主要記事に記されている。この論文でマクドネルは、民間組織から政府機関に及ぶ多様なステークホルダーを特定すると同時に、自然資源紛争に関する事例の類型を比較研究し、それぞ

れに適した解決策を紹介している。水資源だけでなく、土地利用、公有地、エネルギー、大気環境などが分類されている。また、交渉の補助としての仲裁やファシリテーションについても論じられているほか、新しい選択肢を模索するための協力的な問題解決の重要性が強調されている。ヘイトン Hayton（1993年）による別の記事では、2国以上で共有される、水資源の開発における協力的取り組みの現状を検証している。このような取り組みには、単純な資料交換から大規模計画の施行、ひいては公式な紛争解決なども含まれる。ヘイトンによれば、共有水資源の管理は年々より重要視されてきているが、水資源の利用および保護に関する目標達成にはまだ遠く、さらなる制度化が必要であるとされている。水以外の環境資源に関しては、本書の2.2の「その他の資源」において詳しく述べられている。

ジュスキントとウェインステイン Weinstein（1980年）は、紛争解決の結果によって利益を得る関係者たちの確認から、関係者たちが合意事項を遵守しているかを確認する追跡調査までを9段階にまとめた。ジュスキントとクルクシャンク Cruikshank（1987年）は、関連文献の中で、交渉前、交渉中、交渉後において、支援を得た場合と得なかった場合の両方の合意形成プロセスを体系的に定義し、「勝ち負け」的決定プロセスから「全員に利益をもたらす」解決策への移行方法について述べている。また、将来において仲介役を利用する場合に関しても、計画段階から最終段階までの進行について助言を与えている。紛争解決の理論と実践に関するその他の研究についても、数多くの参考文献を提供している。このような手法が十分に活用されない原因として、ジュスキントとクルクシャンクが指摘するように、合意決定を評議会にゆだねることで意思決定プロセスにおける支配権が失われ、責任能力を放棄しなければならないのではないか、という官僚側の懸念がある（1987年: 241）。集団におけるステークホルダーの立場が弱くなり、決定された妥協案に従わなければならないのではないかという懸念があり、それによって、このような手法の持つ任意的な性質への理解が妨げられている。バコウ Bacow とウィーラー Wheeler（1984年）によって環境紛争の性質と抗争解決理論についての包括的な分析が行われており、そこではアメリカ合衆国における8つの事例からの教訓が紹介されている。多くの書籍が、決定理論を使った交渉と駆け引きについて考察しており、抗争解決に適用される主要素が含まれている。交渉における障害の提示、交渉解決への動機づけについての言及、および紛争解決の各側面

として事例を参照し、異なる状況設定や手法について論じられている。

「協議方式による行政立法策定手続き」（Negotiated Rulemaking, Reg-Neg）とは、環境問題分野の抗争に対処するためアメリカで開発された手法であり、国内で多大な注目を集めた後、1990年の議会法における公式な法律文書として確立された。環境保護局（Environmental Protection Agency）により利用されるReg-Negの手法には、「問題および関係者の評価、召喚（2段階）、実際の交渉と規則制定」などの段階が含まれる（プリッカーPritzkerとダルトンDalton、1990年）。デリ・プリスコリによる文献の多くでは、ADRの「人に焦点をあてた」手法（1989年）の広範囲にわたる調査、および実際の事例への適用について説明されている（1988年）。ADRの原則は国内の事例において徐々に利用されるようになってきたが、「越境的な淡水域」の解決プロセスにおいて、この調査内容はまったく反映されていないと彼は強調している。

また、交渉戦略は、解決困難な環境紛争の中で発展してきた。障害となる要素（利害の交錯、専門的不合意、理解のいき違い、プロセスにおける公正さへの懸念、交渉の激化、交渉決裂）を理解することで、関係諸国は衝突的な選択肢にともなう代償について評価することができる。

2. 紛争解決の法的側面

数多くの会議、とくに国際水流の分野における国際法委員会の働きによって決定された規定や原則は、多くの文献で取り扱われている（ボーンBourne、1992年）。カポネラは、学術誌の文献や論文（例: 1985年、1993年、1994年）の中で、「国際水資源」（International Water Resources）の草案作成における協力体制について強く述べている。このセクション自体が個別な文献考察を必要としており、一般的な参考文献としては、FAOによる1978年および1984年の出版物が含まれる。

基盤の弱い政治体制および国際的な強制措置メカニズムの欠如がもっとも深刻な問題とされている中で、多くの一般原則に関しては、規範の量と基準策定のさらなる必要性が問われている。

重要だが長時間を要する基準策定プロセスと、実際の問題解決への適用とのあいだにはギャップが存在するが、このような理論体系に含まれる価値は軽視されるべきではない。公正に関する問題は、ゴールディGoldie（1985年）が指摘しており、対立的な

管理体制に対し、協力的な管理体制が提唱されている。すなわち、紛争解決のための共通基準を設けることにより、関係者間の共通基盤がつくられると述べられている。しかし水権利問題に関しては、マキャフリー（1992－3年）が述べているように、依然としてとらえどころがなく、議論がつづいている。多くの一般的な原則では、地理的な位置関係や権力の不均衡にもとづいて関係諸国の立場が決定されてしまうことも要因の1つである。

　しかし成功事例からの教訓は、すべてのケースにはあてはまらない。マキャフリーが指摘するように「複数国間の共有水資源の利用規制に関する条約は数多くあるものの、水を最重要課題とする地域においては、国際協定は内容的に不十分だったり、存在すらしていないこともある」（1992－3年：4）。いいかえれば、水域全体の利益が配慮された、共同利用が可能なメカニズムや枠組みを設けないかぎり、国際水法の価値は限られたものになってしまう。水関連法に関する詳しい議論については、1.1の制度と法、および2.1の水関連条約で述べられている。

3. 第3者機関の役割

　「越境的な淡水域抗争」の問題の複雑性からして、水不足の恐れがある場合においてはとくに、調停機関へ委託するよりも、仲裁およびファシリテーションに頼る可能性が高い。途上国および水不足に関する特定の事例では、国際機関などによる第3者機関の役割について述べられている（ファノFano、1977年）。関連する文献としては、世界銀行の刊行物があり、国際水流抗争の解決に貢献するこれら第3者機関の役割が強調されている。キルマニKirmaniとラングレーRangeley（1994年）の「世界銀行のより積極的な役割に関する概念」（Concepts for a More Active World Bank Role）では、国際的な内陸水資源について、「インダス川条約」を例に取っている。彼らは、この条約締結の過程における世銀の直接介入は不十分であったと指摘し、関係諸国間の共同合意成立のため、より積極的な役割を担うよう提言している。「南アジアの三角開発地帯」や「アラル海の死滅問題」（セラゲルディン、1995年）に関連して述べられたカフナーKuffner（1993年）やロジャーズRogers（1993年）の見解は、南アフリカにおける第3者機関の役割に関する参考資料として役立つだろう。その他の事例では、抗争解決における第3者機関とは、交渉プロセスそのものにおけるファシリテーション

や仲裁をともなう積極的な仲裁を意味する（コーフマンら、1997年）。

　国内の環境紛争における仲裁や問題解決の成功例が多く報告されているのに対し、ドライゼクDryzekとハンターHunter（1987年）は、このような手法を国際的な水資源問題の解決策として活用するための必要条件について詳細に述べている。地中海の汚染問題なども取りあげられているものの、仲裁による「越境的な淡水域抗争の解決策」の成功例はスカジット川の事例1つだけであり、さらにこの事例は「アメリカ・カナダ間にとくに限定される問題であった」と指摘する専門家もいる（ドライゼクとハンター、1987年: 96）。

4. 水平比較研究と総合的政策の拡大化

　ゼロ・サム的な有限資源をめぐる紛争に関して、一部の研究者は、水配分だけでなく解決をうながす外的影響についても論じている。アランAllan（1992年）により提唱された「仮想水」という概念は、少量の水の配分に対する打開策として、食糧安全保障の国際的な取り組みに含まれている。また、外国からの適量かつ適切な価格での小麦やその他の食糧供給も、妥協案として有用であろう。

　水運搬などの専門的な解決策についての文献（ゴルベフGolubevとビスワス、1979年: 115）からは、相互利益のための重要な手段が提供されている。このような手段は「越境的な水域抗争の解決策」（transboundary water dispute resolution）において十分ではないにしろ必須の条件である。カフナー（1993年）の論文「水運搬と配分に関する構想」（Water Transfer and Distribution Schemes）では、地域の供給不足に対する安全確保のため、貯水池や処理設備への合同資金および投資を提唱している。つけ加えると、水配分のゼロ・サム問題は、対象範囲が広く包括的な水計画案に多く見られるようになってきている。

　水以外の環境抗争については、僻地で起きた事例に水問題に関連性の高いものが確認されている。エネルギー問題の解決策は、絶対的必要性、需給と価格決定、環境的な被害などの類似性において、水紛争の解決策と比較されている（ブルックスBrooks、1994年）。

　ガードナーGardnerらによれば、「共有資源」とは「十分な規模を持つ自然および人工の資源であり、利用者から利益を取りあげることによる犠牲が（不可能ではないが）

大きいもの」と定義される。共有資源と水問題のあいだには共通点が多く（1991年: 335）、学ぶところも多いと思われる。このほかにも、共有資源の交渉プロセスのファシリテーションに関して重要な見解を提供する研究は数多く存在する。「越境的な淡水域抗争の解決策」には長い時間を要することを考慮し、その他の研究分野からヒントを見いだし活用することが必要である。適切な例として、「法的および経済的な視点」（Law and Economic Perspectives）から構想を得たブラックバーン Blackburn とブルース Bruce（1995年）の著書「環境紛争の仲裁: 理論と実践」（Mediating Environmental Conflicts: Theory and Practice）へのマイダ Maida の寄稿論文がある。

国内における河川抗争の解決策の参考文献については、水平比較研究として「越境的な淡水域抗争の解決策」に適応できるよう、個別に記載している。文献の大半は、国内で締結された協定に関するものであり、「越境的な淡水域抗争」に適用可能な手法およびメカニズムについて示唆し、これらの文献から得られる教訓を体系的に見直すことを呼びかけている。ビンガムら（1994年）は、国内の「淡水域抗争の解決策」（freshwater dispute resolution）の成功から積極的に学ぶ取り組み、および越境的な抗争への適応性について提唱している。

統治権に関する要素が追加され、メカニズムの模倣ではなく新たな適応が必要となる場合でも、概念の大部分はそのまま有効である。環境問題全般について、このような事例が多く見られる。例としては、ブラックバーンとブルース（1995年）、ドーキン Dworkin とジョーダン Jordan（1995年）の「中西部エネルギー施設」（Midwest Energy Utilities）、ベアード Baird ら（1995年）の「アイダホ荒野論争の解決」（Mediating the Idaho Wilderness Controversy）、およびマンジェリッチ Mangerich とルートン Luton（1995年）の「内陸北西の焼畑サミット」（The Inland Northwest Field Burning Summit）などが挙げられる。エイミー Amy（1987年）は、ADR の手段として、アメリカにおける仲裁メカニズムの役割を強調している。ブラウン（1984年）は、中央アリゾナ水管理研究（Central Arizona Water Control Study）を多目的計画の事例、および特定地域の貯水と洪水管理に関する住民参加の事例として紹介している。

5. 統合的および制度的アプローチ

「管理」という言葉は「解決」ほど満足な結果を表す言葉ではないが、統合的な解決策を取り扱う文献では、専門的かつ技術的な水管理に焦点が置かれることが多いのは前述のとおりである。この傾向は、「越境的な淡水域抗争」にとくによく見られる。例えば、ヘネシー Hennessy およびウィッジェリ Widgery（1995年）の河川流域開発への包括的なアプローチに関する文献において、適切な水管理は「地域の開発に関する需要を持続可能なものにするための解決策の適用」と定義されている（例: スワジランドのコマチ川流域、南アフリカの「レソト高原水計画」、およびスーダンの「ロセイレ・ダム計画」）。

グラスベーゲン Glasbergen（1995年）は、合意にもとづいたアプローチ（「協力的な問題解決」でしばしば使われる）を形成するための組織的枠組みである「ネットワーク管理」の概念について詳しく説明している。同様の考え方として、「認識共同体」（コヘイン Keohane ら、1992年; ハス Hass とハス Hass、1995年）があり、河川流域を「各国の立場や国境を越えた共通基盤を探るための相互補助的な共同体」と定義している。さらに、このようなネットワークあるいは認識共同体が生みだされる条件についても検討されている。

1「ナショナル・リソーセス・ジャーナル」（Natural Resources Journal）の1993年春号に紹介されていたカナダ・アメリカ国際共同委員会（International Joint Commission）とメキシコ・アメリカ国境水委員会（International Boundary and Water Commission）は、共有管理に関してよく取りあげられる例であり、五大湖水域とアメリカ・メキシコ国境における複雑な管理問題の解決に関する成果について述べられている。後者では、その過程における住民参加の度合いは低かったものの、調印された越境的な地下水に関する協定は、「ベラージオ草案条約」のもととなっていることに留意すべきである。この条約は将来的に、国の帯水層抗争の基準となることが予測されている。

フレデリクセンら（1996年）によって指摘されているように、適切な地下水協定および地表水との連結計画の欠如により、統合的な解決は困難なものとなっている。イスラエル・パレスチナ共有帯水層の合同管理に関する最近の研究においてフェイテルソンとハダド（1995年）は、制度的取り決めに関する包括的な枠組みを提供しており、その中には類型学上19種類のさまざまな機能とメカニズムが取り入れられている。多く

の場合、事例の選択は、水資源が豊富な北および西半球の豊かな社会における成功例が中心となっている。

ホフィウスHofius（1991年）は、ライン川周辺諸国の水文学的協力について取りあげ、大規模な河川流域における数か国間の協力作業の実施にともなう事務的な問題について述べている。その際、プログラムはあまり大規模なものにするべきでなく、また適切と思われる期間内に結論に到達すべきであると主張している。

豊かな社会におけるもう1つの参考例は、フレデリクセン（1992年）により紹介されているもので、カナダ、アメリカ合衆国、メキシコ間で締結された国際条約、ライン川周辺諸国による条約、それよりは効力の弱いバルト海、北海、地中海に関する条約に焦点を置いている。カナダ、日本、オーストラリアの国内制度についても紹介されている。フレデリクセンは、このような事例を途上国へ適応することも考慮している。彼は、ネパール、南インド、スリランカ、バリなどで何100年から2000年ものあいだつづいた農業にもとづく灌漑集落においても、組織原則は存在してきたと述べている。これらの国々で重要なのは、早急な変化ではなく信頼できる法律であり、さらには包括的な制度の制定をとおして改善される成果である。ベルBell（1988年）は、バリにおいて何10年も前に行なわれた多くの技術計画が、物理的な水不足が原因というよりも、貯水および水管理にかかる費用が原因であったと指摘している。また、このような例は他の途上国にもあてはまる。

共有管理システムの進歩により画期的な解決策に到達したアメリカ・カナダ間の事例は、参考例としてたびたび取りあげられている（ドゥウォルスキーDworskyら、1993年）。一般に途上国に関する考察が行なわれる場合、障害となる問題に関する情報量の少なさが指摘される反面、これらの国々で長年にわたり使用されてきた特有の制度的な原則の存在が強調される。このような点からわかることは、これらの国々における包括的な制度はすでに存在しており、問題となるのは既存の制度を近代的な法律や運営規則に転換させる過程である。

ケーススタディ——実例と総括
個別ケーススタディ
前述のように、紛争解決の成功例は経済的に豊かな先進国に集中している。ペッツ

Petts（1988年）による日本の琵琶湖に関する寄稿論文や、国内の紛争解決として前述されたアメリカの多くの事例などがその例である。

　途上国の事例では、紛争解決の困難さに多くの焦点があてられている。そのような傾向はゴータム Gautam（1976年）にも、ハウエル Howell とアラン（1994年）によるナイル川についての著書（地理学的、水文学的、歴史的要素、および将来におけるナイル川の管理計画について）の中でも顕著に見られる。ナイル川に関するその他の研究として、ハルチン Hultin（1992年）は、周辺諸国内の内戦が影響して、ナイル川流域の緊迫した問題への解決策が欠如していると述べている。

　イスラム Islam（1992年）によるインド・バングラデシュ共有河川に関する文献では、両国の関係を悪化させる結果となった環境および法的な問題に焦点が置かれている。蛇行する川の流れにより変化した土地をめぐって両国の主張が対立し、小規模な武力対立にまで発展した。問題の未解決は環境への著しい被害を意味する。その他の例では、「水紛争に関する多くのケーススタディでは、中近東を二極的または小規模な地域としており、地域の水を再利用するか費用をかけて新しい水資源を開発しない限り、この地域は今後30年間で農業や産業用の水がなくなるだろう」（ウォルフ、1993年: 825）という悲観的な予測もなされている。シュタウファー Stauffer（1996年）も指摘しているように、イスラエル・アラブ紛争においては、研究結果はしばしば両国を交互に支持するものとなり、その信憑性については不確かであった。シュタウファーは、中近東においてはマルサス主義がいまだに根強く定着していることを強調し、水問題はアラブ・イスラエル和平における究極的な障害であり、イスラエルは現在の水消費の約半分量の放棄を余儀なくされる可能性もあると結論づけている。このような水量を補うには莫大な資金が必要となるため、農業への補助金の削減が唯一の解決法とされる。カリー Kally やフィッシェルソン Fishelson（1993年）による多くの著書や論文では、水運搬の技術的な解決策を取りあげている。画期的な見解も含まれているものの、実施における主要障害と思われる政治的、心理学的な側面については触れられていない。

比較ケーススタディ

　比較ケーススタディでは、徹底した比較分析なしにいくつかの事例を検証する場合がある。マーフィー Murphy とサバデル Sabadell（1986年）の研究はその例であり、

パラナ川（ブラジル・パラグアイ）、ナイル川（エジプト・スーダン）、コロラド川（アメリカ合衆国・メキシコ）の事例を、交渉解決に焦点をあてて検証しており、国内政治プロセスを重視した紛争解決の政策モデルを提唱している。プリースト Priest（1992年）は、南アジア大陸、中東、アフリカにおける6つの河川の事例を検証し、非植民地化が水配分をめぐる抗争と抗争解決の動機づけにいかに影響を与えたかに焦点をあてている。またサルウィッチ Salewicz（1991年）は、ダニューブ川とザンベジ川流域の事例における制度的・組織的な側面について検証している。ハウセン-クーリエル（1994年）は、「ヨルダン川流域協定」のための教訓を模索しており、現在施行されている4つの条約（コロンビア川、プラタ川、インダス川流域、チャド湖）、およびその18件の事例に体系的に焦点をあてている。

デリ・プリスコリ（1988年）は、交渉において結果（条約）よりもプロセスを重視しており、アメリカにおける水資源に関する2つの事例を比較している。これらの事例は、サニベル島（フロリダ州）の湿地帯の埋め立て許可、およびルイジアナ州とミシシッピ州における炭化水素の探査・掘削の許可に関するものであった。デリ・プリスコリは、ファシリテーション、仲裁、協力的な問題解決が、和解不可能と思われる敵対関係において、安定した合意形成へ貢献していると論じた。

ブラックバーン（1995年）は、「データ対話型理論」に関する63の提案を取り入れ、30名の環境仲裁者とのインタビューをとおして得た教訓から、とくに環境仲裁に関する箇所を抜粋し（第18章）、実践的な提案とともに明確な10段階アプローチを提唱している。また同書のガイ Guy とハイディ・バージェス Heidi Burgess による「限界を越えて：困難な環境紛争における解決策」（Beyond the Limits: Dispute Resolution of Intractable Environmental Conflicts）では、仲裁への障害要因およびの権力的手段を利用する傾向として、力の不均衡さが重大な問題であると指摘している。交渉の決裂および激化につながるような誤解についても述べられており、抗争における「ビターエンド症候群」に対する前向きな取り組みを提案している。このような困難なプロセスにおいてすら、権力に訴える対立の中から双方の利益となる条件を見いだすことは可能である。

要約

今までの考察から明らかなように、文献では、「越境的な水域抗争」(transboundary water dispute)に関する解決策と、豊富な事例が提供されている。紛争解決における研究の大部分は、制度および技術的な取り組みに重点を置いている。一般に紛争解決は、合意形成後に導入されるべきメカニズムだと考えられており、合意形成のための過程において導入されるべきだという認識はまだまだ浸透していない。

再度考察すると、解決へのもっとも深刻な障害の1つとして、水が枯渇してしまう前、および国家間の問題が危機状態に至る前に、関係諸国をいかに先進的な解決策への追求に向かわせるかという問題がある。より楽観的な見解として、ニューソン Newson（1992年）は、大規模な河川流域管理の持続可能性にむけた国際的運動の発展について述べている。しかし彼により提示される2つの例からは、「ヨーロッパ淡水キャンペーン」(Freshwater Europe Campaign)が欧州共同体へ与える影響と、地球サミット連合体が途上国に与える影響とのあいだに、いまだにギャップが存在していることが証明される。

注釈

＊1. これらの議論のいくつかはウォルフ（1999年）によって紹介されている。「公平な水配分: 越境的な水紛争の焦」(Equitable Water Allocations: The Heart of Transboundary Water Conflicts, Natural Resources Forum)

＊2. この要素には、以下が含まれる: 流域の地形、水文学、気候、過去および現在の水利用、河川周辺諸国における経済的・社会的ニーズ、人口、代替源の比較費用、他の調達源の利用可能性、廃棄物の削減、紛争調停の手段としての賠償の実行可能性、同流域の周辺諸国へ多大な害を与えない範囲での国家ニーズの充足。

＊3. ヘルシンキルールの定義を協定文書の中で明確に使用した唯一の事例であり、「適切かつ公平」という概念は、下記で述べられているように頻繁に使用されている。

＊4. これらの要素には、以下が含まれる: 地理学、水路学、水文学、気候、生態学、その他の自然要素。河川周辺諸国における社会的・経済的ニーズ、水域に生活を依存する住民人口、1国の利用が国の利用へ与える影響、既存および潜在的な利用。保全、保護、有益な開発および経済、実施される政策にかかる費用。計画中および既

存の利用に対する代替案の利用可能性とその換算価値。
* 5. これらの各立場の例は、ナイル川に関する文献、「ウォーター・インターナショナル」（Water International）におけるヨバノビッチ Jovanovic（1985年、1986年）とシャヒーン Shahin（1986年）の意見交換と、コラーズ Kolars とミッチェル Mitchell（1991年）のユーフラテス川における政治的主張の記述を参照。

1.2 経済理論

経済理論は、直接的また間接的に、資源問題の説明や水などの希少資源抗争の解決のために利用される。経済概念は、市場の不成立による資源紛争などの場合に、社会的に望ましい組織の規則や構造をつくるため、またその紛争に関わるすべての関係者に利益をもたらす解決法を特定するために応用される（ローエマン Loehman とディナール、1995年）。文献には、紛争解決に適用可能ないくつかの方法論が述べられている。この章では、さまざまな手法を紹介し、それらがどのように水やその他の資源紛争の解決に応用されてきたかを検証する。

最適化モデル

最適化モデルは、すべての関係者および相互にとって経済的に望ましい解決法を提示する。ある種の最適化モデルが、資源配分に関する問題に応用されていることが、文献からわかる。ここで紹介されている最適化モデルは、地域プランニング、ソーシャル・プランナー・アプローチ、地域間および地域内での配分、市場などに分類される。

最適化モデルと地域計画

カウベ Chaube（1992年）は、国際河川流域に対するアプローチとして多角的レベル・階層別モデルを適用し、ガンジス-ブラマプトラ川流域の水資源をめぐるインド、バングラデシュ、ネパール、ブータン間における紛争解決の可能性を検証した。この論文で紹介されているモデリングの手法を使用することで、既存のモデルや制度的枠組みを、実際の大規模な問題の分析に活用できる。モデリングの手法では、全体的な問題

を階層別に細分化することによって、物理的、政治的、経済的、組織的なシステムの分析が可能となる。

　固定的な枠組みを使ったカウベとは対照的に、デシャン Deshan（1995年）は大規模で階層的な画期的プログラムモデルを提唱しており、このモデルは中国の黄河に適用されている。このモデルでは、異時的な効果を取り入れることにより、河川の希少水資源を競う都市、貯水池、水力電力セクターの利用可能な水の将来的な影響を試査することができる。

　ノース North（1993年）は、水資源計画および水管理に対して、多目的モデル（Multiple Objective Model：以下、MOM と表記）を適応した。MOM は、水資源紛争においてとくに重要となる。なぜなら水資源紛争は、関係者同士が希少資源の利用に関して異なる目的を持っているために起こるからである。MOM を使えば、さまざまな最適化問題の結果である経済的・環境的・社会的指標などの価値の異なる指標を比較することができる。

　フレーザー Fraser とハイペル Hipel（1984年）は、ハイパーゲーム（ベネット Bennett、1987年）の枠組みを修正し、カナダのサスカチュアン州とアメリカのいくつかの州とのあいだで起きたポプラ川分流化に関する紛争など、実際の紛争の分析・解決に応用した。ハイパーゲームとは、関係者の1人以上が紛争状況の本質を十分に認識していない紛争を意味する。このような場合、他の全関係者の存在を正確に把握していない、または彼らの意向や選択肢を誤認しているなどの状況が発生する。多くの水紛争において、ハイパーゲーム的な解釈を必要とする状況が見られる。

　カセム Kassem（1992年）は、流域の各関係者（ステークホルダー、利用者、国、その他）の水需要にもとづいた河川流域モデルを開発した。この包括的なアプローチは、利用可能な水資源とそれを各関係セクターがどのように利用するかについて考慮している。またこのモデルでは、河川周辺の各関係者に対して、水保全をうながすための政策介入が容認されている。政策介入の例として、価格決定、貯水、行政上の配分規制などがある。

ソーシャル・プランナー・アプローチ

　ロジャーズ（1993年）は、河川抗争の協力的な解決策に関する経済的な価値を表す、

技術的・経済的なアプローチを用いている。彼は、ゲーム理論の概念とガンジス-ブラマプトラ川流域の技術的データから、地域の水共有をめぐる紛争に対処するための協力的な解決策をいくつか紹介している。これらの解決策の共通点は、技術的および経済的に実行可能であること、個人および地域にとって合理的であること、また、関係者らにとってほかに望ましい解決策がないという点でパレート容認性（Pareto-admissible）に該当する。

レ・マーカンド LeMarquand（1989年）は、経済的・社会的に持続可能な流域開発の枠組みを提案している。この手法の中心となるのは、流域の全般的な計画と多目的プロジェクト（水やその他の地域開発）の施行を調整する河川流域における権威的な存在である。途上国においてこの手法を適用する場合には、援助活動を促進する要素も含まれる。とくに国際河川における水共有の合意成立に関して、レ・マーカンドは以下の条件を提示している。

1. 問題への認識が類似していること。
2. 施設の機能が類似していること。
3. 水生産設備が類似していること。
4. ある程度の対話が存在していること。
5. 少数のグループが関与していること。
6. 少なくとも1つのグループが紛争解決を望んでいること。

カリー（1989年）は、水資源開発に関する中東諸国の国際協力の可能性に関して考察を行い、地域内の2つ以上のグループが参加する水関連プロジェクトについて、あるアプローチを検証した。カリーのアプローチにおいて、これらのプロジェクトは流域全般にわたっており、特定の流域を対象にしたものではないことを特記しておきたい。また、地域内の一部およびすべての関係者に利益をもたらすような、さまざまなプロジェクトの組みあわせも可能であると著者は述べている。しかし、地域における協力の度合いや施行されるプロジェクトの選択は、水以外の政治的な関心事によって左右される傾向がある。

地域間および地域内における配分

　スプリンツ Sprinz（1995年）は、地域間（州間）の産業汚染と環境汚染をめぐる国際的な紛争の関係性を調査した。この調査は、国際的な環境汚染問題に限定されたものであったが、国際水問題にもあてはめて考えられる点がいくつかある。経済的に閉ざされた状況から、国際貿易や国際的な汚染規制、グローバルな環境問題への取り組みが可能な状況に移行させることによって、より安定した合意を得やすい解決法が生まれてくる。

　コース Coase の定理は、水の利用者に所有権を与えることにより、希少資源のもっとも有効的な配分が利用者間で可能になると説いている。この定理にもとづいてバレット Barret（1994年）は、国際間の相互依存がある場合、水資源が効率的に配分される保証はないことを証明した。バレットは、さまざまな国際的な水紛争の事例（コロンビア川、インダス川、ライン川）をいろいろな条約や協定に照らしあわせ、囚人のジレンマゲームを簡略化し修正したものにあてはめている。その結果、関係者たちによる流域の配分計画に従った共有利益の配分こそが、合意形成の鍵であるという結論に達した。

　ジャスト Just ら（1994年）は、越境的な水問題に対してある経済的な枠組みを提唱し、中東地域において適用している。この枠組みの基盤は、（国際的な協力を得たうえでの）合同計画と、水関連プロジェクトの財務がその地域の国々の資源を拡大させることにある。

　供給が増えることにより、水の利用法を変えるための政治的または経済的負担が軽減され、その結果現在ある資源をより効率的に利用することができるだろう。

市場

　ダッドリー Dudley（1992年）は、水市場と水資源をめぐる大規模な抗争に関して、貯水池や河川などの水系の所有権や容量の共有化を提案した。それによれば、水の容量を共有化することにより利用者間での相互依存が軽減され、水系利用の配分をより円滑に行うための基盤が形成される。

ケーススタディ

　ディナールら（1995年）は、国際的な湖や貯水池の汚染について検証している。長

期間にわたり世界中から集められた資料によれば、水汚染に関連する抗争を解決する取り決めは、汚染発生者の性質（監視能力および実施能力、調停の難易度）に左右されることは明らかである。例として、五大湖、アラル海、モノ湖の事例を取りあげてみよう。

グアリソGuarisoら（1981年）は、希少資源であるナイル川の効率的な利用について研究している。彼らの研究が、水資源不足に起因する国際紛争の解決策に直接結びつくわけではないが、その分析における議論は地域的アプローチを考える際に参考になるだろう。ナイル川の水をシナイ半島に流用した多目的モデルは、灌漑技術、新しい耕作法、水利用のスケジュール管理、転作など、効率性の高い方法を新たに紹介し、経済的目的と政治的目的という2つの目的の相違を解決している。

ウィッティントンWhittingtonとマクルランドMcClelland（1992年）は、ナイル川流域における将来的な協力戦略の可能性を提唱している。国際的な協力に共通するものとしては、合同開発、監視、資源管理などがある。このような計画には、各関係者が利益を得られる単独計画と、複数の関係者たちが利益を得られる計画が含まれる。例えば、投資資金の振りわけ（直接水に関連する計画、および間接的に農業に関連する計画など）や、すべての関係者に利益をもたらす貯水計画などがある。

オキディOkidi（1988年）は、アフリカの国際流域の管理への国家関与についての大規模な政策に関して検証している。彼は論文の中で、有効的な管理に関して、（1）組織やプログラムの過度な政治化、（2）組織の拡散化、（3）水関連のプロジェクトにおける、急迫する経済状況下での政治的権威への執着、（4）組織の過度な中央集権化などの考慮すべきいくつかの問題を挙げている。

ギアニアスGianniasとレカキスLekakis（1994年）は、ギリシャとブルガリアにおける水利用セクター間へのネストス川の配分にあたり、最適化モデルを考案した。このモデルのおおまかな枠組みは今までに検討された他の多くのものと類似しているが、それにつけ加えて国際間で承認されるような政策メカニズムが提案されている。これらの政策には、生産品の価格決定方針、価格政策、水関連産業への税金と助成金制度、水所有権の取引などが含まれる。また、関係国間の水配分に関する取り決め結果や、地中海沿岸に排出される水質についても考慮されている。

要約

　経済学は、希少資源をめぐる抗争について説明するため、また双方の合意が得られる協定を提示するために、単独、あるいは他の分野とあわせて用いられる。

　経済学的観点から提案された解決策は一見効果的に見えるものの、その解決策にいたるまでの仮説を立証する作業は必要であろう。このような立証が取れたうえでも、経済理論は抗争解決のために役立つが絶対的な条件ではないといえるだろう。

　経済用語を使って抗争解決策を説明する場合に、説明に説得力を持たせ、その解決策に経済的な持続性を持たせるためには、個人とグループの要求を満たす合理性を備えていなければならない。つまり抗争の解決結果が、各関係者にとって現状より満足できるものであり、一部の関係者のみを対象にした部分的な取り決め案を上回る性質のものでなければならない。また地域的な取り決めでは、すべての負担と利益が配分されるという条件を満たすべきである。

　すでにおわかりのように、経済学と政治学は抗争解決策の審議にあたり密接な役割を果たす。経済的な成果が予測される共同計画が政治的な視点から却下されることもあれば、地域的な繁栄をもたらす計画への協力促進のため政治的な意思決定プロセスが影響されることもある。したがって、抗争調停の審議には、経済的配慮と政治的配慮の両方が取り入れられなければならない。

ゲーム理論

　ゲーム理論は、数学および社会科学の分野としては比較的新しく、政策や市場事象などの理解向上に貢献してきた。この理論は、ある状況下において、1人のプレイヤーの最良の選択が他のプレイヤーの選択によって決定されることを前提とし、その時の意志決定プロセスを明確化するために用いられる。この「最良」の選択は「戦略的選択」（strategic choice）とも呼ばれる。この理論を用いると、ある戦略的なやりとりにおいて、当時者らの意図的な行動を裏づける論理を分析し、合理的な個人が利害関係の中でどのように選択を行うのか、などを理解することが可能である。合理的意思決定の原則では、人びとの行動は自身の目標や価値観を優先し決定されることを前提としており、それらの要素は欲するものが変化するとともに変更されるほか、資源および制度原則により抑制されることもある。専門家のあいだでは、ゲームの結果は、予測される結

果、プレイヤーの選択、ゲームのルールなど包括的要素に左右されるといわれている。

　この理論は、社会的成果の画策にも応用可能である。*¹ 社会政策を主導するうえで必要な手順は2つあり、(1) 社会的目標の明確化と、(2) 社会的成果をこれらの目標につなげていくための制度、規則、戦略の策定である。このような目標にとって、実際の経験をともなうゲーム理論は、理想的である。結局のところ、ゲームの根本には、制度や取り決めがプレイヤーの権利および権力を決定するという考え方がある。このような制度や取り決めは、プレイヤーの取りうる行動と、彼らの行動パターンにより生じる結果の両方を決定する。*² また、プレイヤーの行動、すなわち実行可能な選択肢の中からの社会的選択肢は、他のプレイヤーの選択と制度の両方によって決定され、プロセスやルールを定義する。これらのルールは、ゲーム全体の結果を決定するか、もしくは影響を与え、意志決定における基本的な要素を形成している。

　すべての科学において、理論というものは、ルール、つまり制度に関する立証された正確な詳細の理解なしには、"完全に確立された"とはいえない。したがって、いかなる有益な政策の適用にも、理論の体系化、現実にもとづいた仮説の修正、理論予測の慎重な現状把握などの調整を継続的に行うことが必要となる。

　ゲーム理論を利用することにより、地域的な水共有問題に関する経済的および政治的側面の分析が可能となり、それによって問題解決の糸口がさらに広がる。国際水紛争には通常、少数の国々が関わっており、それぞれが異なる目標と観点を持っている。

　定量分析および理論分析により、プレイヤーが他のプレイヤーたちの取りうる合理的な行動を予測するために、どのような反応をしあうかを理解することができる。また、予測される結果についても、それらが「パレート最適」の基準や目標に一致するものか、標準的安定性を持つものかを検証することができる（例: 問題の焦点から一方的に立ち去ることでは、満足のいく結果は得られない）。したがって、ゲーム理論を用いて、さまざまな選択肢の中から、協力関係の可能性について予測を立てることができる。このような分析は、多様かつ好ましい当事者間のやりとりや交渉を形成する手助けとなるであろう。

　ゲーム理論は、国家安全保障、社会正義など、幅広い分野で適用されてきた。しかし、国際水紛争の分野への適用は、まれであった。ロジャーズ（1969年）は、ガンジス川下流における利害の対立について分析し、インド・パキスタン間の協力に関する戦略

を提案した。ドゥフォルナウドDufournaud（1982年）は、コロンビア川とメコン川下流の両方にゲーム理論を適用し、「相互利益」という基準が河川域における協力体制を判断する際にかならずしも最適ではないと説いている。ディナールとウォルフ（1994年）は、協力的ゲーム理論を用い、イスラエル・エジプト間の水関連の技術交換により発生する経済的利益の配分、およびその配分がどのように行われることで協力がうながされるのかについて検証した。

多くのゲーム理論は、特定の問題に対する有効な例となっている。それらのゲーム理論の中でもっとも有名なのが、2者間における囚人のジレンマゲーム（2－PD）である。このゲームでは、協力、利己的行動、効率性の相関性を検証することができる。政治学者R・アクセルロッドR. Axelrodは、特定のゲームにおける2者間の状況について、以下のように主張している。

序盤の手で寛容な態度を取り、反応の仕方も協力的で、自分から攻撃をしかけることのないプレーヤーが、通常平均的[*3]に見て、ほかのどのような戦略を用いるよりも得るものが多い（雑誌「ペインター」[Painter]に引用、1988年）。

しかし実際には、競争関係にある国家間で行われるゲームは、はるかに複雑であり、協力とその対価としての報酬の保障という面でも、はるかに弱い。

ある国が国際紛争を勃発させることと、相手国がそれを受けて立つことのあいだには、強い関連性が見られる。しかし、協力的な働きかけに対して、相手が同じような姿勢で対応することについての関連性は、はるかに弱い（プラッターPlatterとマイヤーMayer、1989年）。

それにもかかわらず、さまざまなゲームは国際紛争のモデルとして効果的に適用可能であり、また実際に適用されてきた。これらの論文やその他の文献において、国際水紛争の解決に関する分析の枠組みに、ゲーム理論が有効であることが確認されている。例えば、河川域の水供給が、その地域の水需要に足りない場合、住民には3つの選択肢がある。

■河川域内（あるいは1国内）において、排水の再生利用、淡水化、貯水池や貯水域の増加（供給量増加のため）および、節水、農業の効率化（需要減少のため）などの活動を、単独で進める。
■他の河川域の住民と協力して、より効率的な水資源の配分を考案する。通常、このような協力では、より多くの資源を有する河川域から水が運搬される。
■計画およびインフラに対して何の改良もなされずに、干ばつが起こるたびに、苛酷さを増す状況に耐えつづける。途上国や軍事圧力に苦しむ国々では、この選択肢を選ぶことがもっとも多い。

　これらの選択肢は、1つの河川域に2つ以上の政治体が存在する場合にも、同様にあてはまる。それぞれの選択肢は、模範例として関連する研究への適用が可能である（ファルケンマルク、1989年aとレ・マーカンド、1977年を参照）。

　最後に提示された選択肢は合理性に欠けるように思えるだろうが、ゲーム理論モデルでは、根底にある利害やゲーム自体の戦略的な構造[*4]にもとづき、国家がどのように行動を選択しているかが説明されている。そのうえで、これらのモデルを用いる際には、さらなる効果的かつ福利的な結果を導きだすために、各事例に対する対処法を練り、それらを応用している。

　ゲーム理論を用いてさまざまな課題の分析を行うことで、国際河川域における水配分問題を協力的な解決へ導く手助けとなるだろう。

■国際的な状況下では、主権国家は大きな犠牲をはらうことなく、いかなる合意も自由に破ることができる。それ故、解決策は合意目標の安定性に焦点を置いて考案されるべきである。
■協力体制を実現させるためには、それぞれの関係諸国が協力により利益を得るという動機づけが必要である。

　2つ目の点において、協力的な解決策が関係諸国に受け入れられるには、(a) 共同の費用および利益が配分され、それにより関係者は、非協力的な選択をする場合よりも利益を得ること、(b)（協力的な解決策において）関係諸国に配分される費用および利益は、それ以外のいかなる結果よりも望ましいこと、などの条件が満たされなければならない。また、実際の国際関係においては、すべての費用は分配されていなければならない。

ゲーム理論を用いた解決策の適用に関する経済文献には、地域的および国際的な水共有問題を扱っている事例はあまり多くない。前述のようにロジャーズ（1969年）は、インドとパキスタンのさまざまな水利用をめぐって起こった、ガンジス-ブラマプトラ川の支流域における紛争状態にゲーム理論を適用した。その結果、両国にとって有益な成果が期待されるような2国間での協力的な戦略が数多く提言された。最近の論文でロジャーズ（1991年）は協力的なゲーム理論をさらに展開させ、アメリカ合衆国・カナダ間のコロンビア川流域、ネパール・インド・バングラデシュ間のガンジス-ブラマプトラ川流域、エチオピア・スーダン・エジプト間のナイル川流域などの水共有問題に適用させた。ガンジス-ブラマプトラ川流域の事例に関してさらに綿密な分析が行われており、その結果、共同体制での解決策が、その他の非協力的な解決策と比較して、両国にもっとも利益をもたらすと結論づけられた（ロジャーズ、1993年）。

　政治紛争を数値を使わずに分析するメタ・ゲーム理論は、ハイペルら（1976年）によって水資源問題に適用されてきた。それによれば、実行可能な一連の戦略および各関係者への利益配分が、紛争の結果として発生する。

　ベッカーBeckerとイースターEaster（1994年）は、アメリカ合衆国の五大湖周辺地域にて、州間、およびカナダとのあいだの水管理問題について分析を行った。中央計画的な解決策がゲーム理論的な解決策と比較されたが、結果的にゲーム理論の解決策に軍杯があがった。

　ディナールとウォルフ（1994年）は、水域内での水運搬を目的とした、隣国間における水力技術の交換について、ゲーム理論を用いて検証した。彼らは、さまざまな過程で発生する経済的・政治的な問題に対応できるような、より広範で現実的な手法を確立しようと試みた。効率的な水の配分や、協力的な関係者間の水力技術などにより、（節水技術よりも）水取り引きに関する基盤が提供される。実際にゲーム理論モデルは、エジプト、イスラエル、ヨルダン川西岸、ガザ地区を含む中近東西部における将来的な水取り引きの予測に応用された。このモデルでは、水取り引きから生じる利益は協力者間で配分されることになっている。その結果わかったことは、地域的な水運搬による経済的利益は存在するが、政治的な思惑により進行が妨げられる（もしくは完全に中止される）可能性がある、ということであった。地域的な水運搬に対する異議の一因として、地域的な利益の配分が平等に行われないことや、水運搬には直接関係のない地域的

な思惑が関係していることなどがある。

　利用可能な水量が年々減少する中で、紛争もしくは協力（利益配分）のどちらに発展するかは、相対的な権力、対立の激しさ、法的取り決め、政治体制およびその安定度などの政治的な要素に影響される。

注釈

＊1. 類似する分析に関しては、プロット Plott（1978年: 207）を参照。
＊2. ここではゲーム理論の原則については詳しく述べていないが、ほかでの参照が可能である（例: シュビック Shubik、1982年）。
＊3. 実際には、彼の調査を部分的検証したところ、その主張は示唆的ではあるが不正確である（ベンドー Bendor とスイスタック Swistak [1995年: 3596 – 600] を参照）。
＊4. 例えば、ブエノ・ド・メスキータ Bueno de Mesquita とラルマン Lalman（1992年）は、抗争の関係者たちが双方とも平和的な交渉による合意を望んでいるにもかかわらず、理性的な判断として戦争に発展するような選択を取る場合があることを証明した。

2 実践

2.1 水抗争

　次世紀において、水はもっとも差し迫った環境課題となることが予測される（アメリカ芸術・科学アカデミー［American Academy of Arts and Science, 1994年］）。世界人口が急激に増大し、環境的な変化が自然資源の量と質を脅かしつづける中、国際的に分布した水資源をめぐって起きる紛争を平和的に解決する能力が、安定かつ安全な国際関係を築くうえで、各国にとってますます重要になるであろう。世界には200以上の国際河川があり、地表全体の2分の1以上を占めている。水はこれまで、アラブ人とイスラエル人、インド人とバングラデシュ人、アメリカ人とメキシコ人、そしてナイル川流域の全10か国ものあいだで、政治的な緊張、および時には戦争の原因となってきた。水は代用不可能な希少資源の1つであり、水に関する国際法の確立はまだ完全ではない。また水に対する需要は、非常に高く普遍的であり、緊急を要するものである（ビンガムBinghamら、1994年）。

比較分析とケーススタディ

　水資源がより希少化するにつれて、資源紛争の頻発と激化が予想される。また、1国の水利用が近隣国に多大な影響を与えるという事実は避けてとおれない。将来の紛争を仲裁する立場の者にとって、水紛争が歴史的にどのように解決されてきたのかを詳細に理解することはきわめて重要である。

　国際的な水紛争に関心のある研究者や政策当局にとって、一定期間内の交渉結果（通常、資源配分のための条約や協定）は、参考資料として有用である。これらの交渉結果

は、抗争解決における、例えば以下のような過程を理解する参考となる。当初のそれぞれの立場はどのようなものであったか。それらの立場を取った動機はなんであったか。どのような障害が交渉中に発生し、どのように克服されたか。将来の水紛争解決と施行メカニズムに関してどのような対策が打ち立てられたか。また、合意は効果的であったか。4.1で紹介される事例からは、いくつかのパターンを確認することができる。また、そのうちのいくつかは、以下で論じられている。[*1]

水紛争の可能性を予測する

　国際社会では、すべての国際河川と帯水層に対する、統合的な流域管理のための機関設立をサポートするための十分な資源や時間を捻出できない。そのため、似たような紛争の解決に役立つようなパターンを見いだし活用することが重要となる。

　一般的に、典型的な水紛争の過程は次のとおりである。国際河川の関係諸国は、共有資源につきものの複雑な政治的問題を回避する目的で、まずは領土内の水に関する単独の開発計画を施行する。水需要が高まり供給を越えると、通常その地域の権力的な関係グループ[*2]の1つが、少なくとも1つ以上の周辺関係グループに大きな影響を与える計画を施行する。利用可能な水が減少していく中、各国がどのように既存の水資源利用を保護しているかの例として、エジプトによるナイル川のハイ・ダム計画、カルカッタ港保護を目的としたインドによるガンジス川の分流化、新しい農業政策のためにトルコが行ったユーフラテス川のGAPプロジェクトなどがあげられる。

　紛争解決において、良好な国家関係や調停機関が存在しない場合、近隣諸国に悪影響を与えるような計画は、国際摩擦を生みだし、多国間紛争へと発展する可能性を秘めている。このような計画には紛争が起こりうる可能性、もしくは紛争に発展しかねない緊迫した状況を示唆する兆候が見受けられる。

水量問題

　水の需要と供給の曲線からは、2つの曲線が近づく時に紛争が起こる傾向にあると推定される。1960年代なかば、イスラエルとヨルダンの両国で需要が供給を超え、不可避の結果としてヨルダン川流域の水紛争が発生した。また、供給に大きな変動があった際に紛争が起こる場合もある。例えば、河川上流の水利用の増加や、長期的には世界

規模での変動も起こりうる。前者は、現在のメコン川およびガンジス川の両方にあてはまる。同様に、新しい農業政策および難民や移民の移動など、需要の変動により問題が起きる場合もある。水系は自然変動の度合いが多いため、他の予測可能なシステムと比べて、大きな問題が発生する可能性がある。

水質問題

新しく発生する特定汚染および非特定汚染や、新しい大規模農業開発により、水系に塩性の還元水が流入した場合は、水紛争発生の危険信号である。アリゾナ州からコロラド川へ流れでた還元水が原因で、1960年代にメキシコが国際司法裁判所をとおしてアメリカを告訴するという問題に発展した。ヨルダン川下流域も同様に争いの中心地点であり、イスラエル人、ヨルダン人、河川西岸に住むパレスチナ人のあいだで対立が起きている。

多目的利用のための管理

水は特定の用途、あるいは複数の用途の組みあわせで管理される。例えばダムは、灌漑水の貯水、電力発電、レクリエーション、あるいはこれらすべてをまとめて管理される。抗争は、関係諸国のニーズが衝突する場合に起こる可能性が高い。例えば、下流国にとって最重要となるのは適切な時期における灌漑用流水であるのに対して、多くの上流国は自国の領土内で水力発電を主目的とした河川管理を行っているような場合である。例えば、中国の水力発電やタイの灌漑分流化により、メコン川デルタにおけるベトナムの灌漑と排水設備の改善に関するニーズに影響が及ぶ可能性がある。

政治的な分裂

水紛争の一般的な危険信号としては、政治的な分轄の変動と、それにともなう新しい関係諸国間の関係がある。例えば、国家間水域としてのアラル海、アム・ダリア川、シル・ダリア川の国際化は、中央ヨーロッパ全域で現在起こっている現象である。ガンジス川、インダス川、ナイル川などを含む本書で取りあげられている多くの紛争は、絶対的支配権を握っていた中央権力（この場合大英帝国）の崩壊により発生した国際的な複雑性を含んでいる。また逆に、2つのドイツ国家統一のように、領土の統合から問題が

発生する場合もある。

紛争の種類と緊張度の指標

過去の抗争パターンを理解することによって、水紛争の発生を予測したり、将来の紛争の種類や度合いの推定が可能となる。そのような指標には、以下のものがある。

地政学的な設定

上述のように、関係諸国の立場も含めた相対的な勢力関係が、紛争の展開に影響を及ぼす。通常は上流国が地域の権力を所持し、開発計画の施行においてより有利な立場にある。このような計画こそが、地域紛争のきっかけとなるのである。ユーフラテス川におけるトルコやガンジス川におけるインドが、まさにこのような状態にあてはまる。対照的に、上流の開発計画が下流域の権力によって監視されることもある。この例としては、エチオピア人のナイル川開発計画と、それによるエジプトへの影響がある。

隣国とのあいだで未解決の水以外の問題が水紛争に悪影響をもたらすこともある。イスラエル、シリア、トルコはそれぞれ未解決の政治難題を抱えており、それによってヨルダン川とユーフラテス川における論争がより複雑なものになっている。

国家開発水準

関係国の開発水準は、多くの点において水抗争の本質に影響を及ぼす。例えば、開発が進んでいる地域では、開発が遅れている地域よりも、水の代替資源や水管理の基本構想に対して優れた選択肢を持っている。交渉開始後には、これらの選択肢はさらに増加する。中東の水に関する多国間ワーキンググループでは、塩分除去、細流灌漑、農業用水から産業用水への流用技術など、技術的、管理技術的な選択肢がすべて提示された。また、これらの選択肢は、国際水資源の配分に関する議論にも役立つ。

しかし河川流域内における開発水準の違いが、水をめぐる政治的な環境を悪化させることもある。国が発展するにつれ、個人および産業用水の需要、または以前は生産力の低かった農業地帯への需要も高まる傾向がある。より多くの節水技術の導入によってある程度のバランスは保たれるが、増加する需要を満たすため国際資源の開発に最初に乗りだすのは、通常途上国である。タイは、このような需要を明確に提示し、他の周辺諸国にも関連のあるメコン川開発の必要性を強く訴えた。

水をめぐる政治的な危機

マンデル Mancel（1991年）は、過去に起きた河川流域をめぐる 14 の紛争を調査し、水紛争の危機問題に関して興味深い洞察を発表した。彼は、イラン・イラク間のシャットアラブ川水流やアメリカ・メキシコ間のリオ・グランデ川のような、水抗争に関連して起こる国境抗争は、コロラド川、ダニューブ川、プラタ川の例に見られるように、水質問題よりも深刻な紛争を誘発すると述べている。同様に、ユーフラテス川、ガンジス川、インダス川、ナイル川に見られるように、ダム建設や分流化などの人為的、技術的な破壊によって引き起こされた紛争は、コロンビア川やセネガル川のように自然洪水によって引き起こされた紛争に比べていっそう深刻な状況に発展する。

また、彼によれば紛争にかかわる関係グループの数の多さと紛争の深刻さのあいだに相互関係は見いだされない。このため彼は、関係グループの数が少ない河川抗争の方が解決しやすい、という概念に異論を唱えている。

水資源の制度的な管理

国際的な水紛争に関する重要点として、各関係諸国がどのように水を管理しているかということがある。資源を管理する際に、中東は国家単位、インドは州単位、アメリカは州内の自治体単位など、どのような単位で政治的な管理が行われているかは、国際議論の複雑性に影響する。また、どのような機関が管理しているかも重要となる。例えば、イスラエルでは農林省の管轄下に水委員が存在するのに対し、ヨルダンでは水資源省が水資源を管轄している。問題の性質に類似性が見られる場合でも、このような制度的な設定によって国家内の政治体制に大きな違いが生ずる。

国家の水理念（エソス）

この言葉にはあいまいな要素もあるが、これらの要素を包括的に検証することで、国家の水資源に関する「考え方」を理解することができる。またエソスから、国家の水紛争に対する真剣さも理解することができる。水に関するエソスに含まれる要素には、以下のものがある。

1. 国の歴史に絡んだ水にまつわる「神話」── 例えば、水がその国にとって「生命の源の象徴」であったか。建国の際に中心となった英雄的な農夫がいたか。「砂漠を

繁栄させること」が国家の念願であるか。
2. 水および食糧安全保障問題の政治的な重要性。
3. 国内経済における農業と産業の相対的な重要性。

交渉における障害

過去の紛争パターンを分析することで、水紛争の予測が可能となるほか、交渉過程において直面する共通の障害を認識することができる。

関係グループに対する認識不足と実施妨害力

国際司法裁判所の欠点の1つとして、国家単位でしか訴訟に参加できないという点がある。この構造により、国際協定において利益を受ける可能性のある少数派の政治・民族グループ、および政治、環境、その他あらゆる分野の利益団体は除外される。中東和平会談が始まった当初、パレスチナ人は、ヨルダン人との共同代表団の一部としてしか参加することができなかった。現在、ユーフラテス川抗争においてクルド人の声はまったく反映されていない。このような除外の結果として、抗争は解決されたとしても、主張の反映されないグループが少なくとも1つ以上存在することになる。いいかえれば、このようなグループが協定の最終的な決定に影響を与えた可能性もある。

科学の不確定性と抗争

本書で取りあげられているメコン川をのぞくすべての流域は、全般的にデータをめぐる抗争に関係している。多くの国家にとって、一部の水関連データは極秘扱いされている。また交渉における時間稼ぎのため、決議前により多くのデータ収集を要請するという戦略も使用されてきた。例外として知られるのがメコン川委員会の例で、彼らはこのような問題を避けるため、初の大規模協力計画として合同データ収集作業を施行した。

国内抗争 VS 国際抗争

国内および国際的な水紛争において、類似点と相違点の両方が存在することは、本書の研究事例を見れば明らかである。相違点の方がより強調されているが、2つの設定が

どのように異なっているかという点については議論の余地が残されている。一般に論じられる推論には、以下のものがある。

組織体と権力

　国際紛争における紛争解決は、制度的な力の欠如により困難であるのに対して、国内紛争は（とくに西洋社会において）制度的に洗練された状況において解決が進行する。

　しかし国内の制度も、国際的な設定と同様の試練に直面する場合もある。それは彼らが時として、伝統的な（しばしば法的な）解決策に固執しがちだからである。

法と強制施行

　アメリカやその他の諸外国は、抗争が起こった際の指導要項およびその解釈を明確化するため、長い時間をついやし自国における複雑かつ入念な立法システムを確立している。それとは対照的に国際抗争では、曖昧に定義された水関連法、関係国みずからが公聴会の前に司法権および理論構成の枠組みを決定しなければならない法廷制度、そして実質的には機能しない強制施行メカニズムなどに頼っている。その結果、国際司法裁判所において国際水抗争に関する公聴会が開かれることはまれである。前述のように、メコン川委員会は国際的な事例では唯一、「公平かつ平等な」使用という法的定義を協定に使用した。

力の平等性に関する仮定

　「すべては法のもとに平等である」という言葉は、国家の法的枠組みでよく使用される。国際紛争においては、地域間の関係は力の不均衡によって形成されてしまうため、このような仮定は前提として成立しない。ここで取りあげられている水流域には、絶対的権力者が存在する。彼らは地域交渉に圧力を加え、多くの場合、協定を最終的にみずからの望む方向へと持っていく。資源の不均衡は（通常経済的または政治的に）実際の不平等をつくりだすと指摘されている。

　また、これらの問題を国内の紛争解決に関連づけて考えることもできる。

BATNA （交渉における合意に対する最良の代替策）

　国内抗争と国際抗争の違いとして一般的に指摘されるのは、国内の水紛争では交渉が決裂した際に戦争という選択肢が現実的でないという点である。実際に1国内で水をめぐって戦争が起きる可能性は低いが、国際的な状況においても同様の見解が受け入れられるようになった。国内および国際的な状況において銃弾が放たれたり、国家間で軍隊が動員されたことはあったが、水資源のみを理由に全面戦争に発展した例はいまだ存在しない。戦略問題と水資源の両方を専門とする分析家は、次のように述べている。「なぜ水をめぐって戦争をする必要があるのだろうか？　1週間の戦争に要する資金で、塩分除去施設を5つも設置することができる。人命も失われず、国際的な圧力も生じない。他国と敵対する心配もなく確実な資源供給を受けることもできる」（タミール［ウォルフの文献］Tamir, in Wolf、1995年: 76）。

　水紛争の解決における国内と国際間の設定には明らかな相違点があるが、この差は一般に考えられているほど大きなものではない。いいかえれば、幸いなことに国内におけるADRの成功事例の多くは、国際的な設定において適用することが可能である。

要約

　水紛争の歴史的な解決策を的確に理解することは、状況のパターンを認識して将来の紛争解決、さらには防止のために重要である。本書で検証された14の事例からは、次のようなパターンが浮かびあがってくる。国際水域の周辺国は、共有資源をめぐる複雑な外交を回避するため、まず自国の領土において水開発計画を進行させる。水の需要が供給を上回ると、通常地域的に権力を持つ国が、少なくとも1つ以上の周辺国に大きな影響を与える計画を施行する。関係諸国間の対立を解決する関係や機関が存在しない状況では、このような計画がきっかけとなり紛争へ発展することもある。また比較分析によって、将来の水紛争を予測する要素、交渉の成功を妨げるような障害、国内と国際的な状況に関する観察などが可能となる。

水に関する条約[*3]

　水は人間にとって空気の次に必要不可欠な資源である。人間は絶対的な需要（飲料水）からレクリエーション（プール、噴水、砂漠のゴルフ場など）にいたるさまざまな

用途で水を利用する。人口増加は、世界各地の1人あたりが利用可能な水の量に、年々より大きな影響を与えている。水に関する国際協定では、増加する水不足が取りあげられている。農業にはほぼ完全な淡水が必要とされるが、産業廃水に関する懸念は、とりもなおさず水質問題についても同様に国際協定で取りあげられるようになるだろうと示唆している。増加する水不足問題は今に始まったことではない。古代メソポタミア文明時代のラガシュとウンマのあいだの水戦争を終結させた条約が歴史家によって発見されたことからもわかるように、水は少なくとも4500年ものあいだ争いの源であった（クーパー Cooper、1983年）。近代において、19世紀以降の条約では、消費的そして非消費的な水利用に関するあらゆる側面について取りあげられている。

　水不足と水質に関する問題は基本的に不変であるため、過去に政府が問題解決のために使用した手段は、現代の交渉にも適用できる可能性がある。このような主旨にもとづき、「越境的な淡水域抗争」のデータベースとして、調印国の淡水需要を訴えている条約をすべて収集し、それらを要約した。条約を選択するおもな判断基準として、水不足および消費資源としての水に主要な焦点があてられていることがあげられる。したがって、水運搬、漁業、境界線区分に関する条約の中から、水の配分と利用に関係があるものに限って取りあげることにした。

　この条約データベースにより、研究者たちの主張についての検証や考察をすることができる。例としては、外部からの交渉者による資源提供が問題の緩和または解決に結びつくことがあるというグルハティ Gulhati（1973年）の主張があげられる。また、改善や調査を必要とする地域も、このデータベースによって明確化される。水配分の背後にある理論がより深く理解されるにつれて、ある地域における公平な条約制定のため、または同じ河川域で将来協定を審議する際に、過去に利用された数値あるいは駆け引きのノウハウを再利用することが可能となるだろう。また、さらに多くの条約がデータベースに追加されるにつれて、より多くの交渉理論が分析に使われるだろう。これらの理論が新しい地域において応用され、新しい理論が生まれる可能性もある。

　通常、紛争研究において条約は中心事項ではない。2つの国家が対立関係にある場合、一方あるいは両方の国が施行されている条約に不満を抱いているか（例えば、合意に関する交渉は最初から公正であったかについて）、もしくは、新しい変化（気候変動や人口増加など）により条約の根本自体が変化してしまったかのどちらかである。ま

た、条約には良い関係と信頼が重要である。それらが欠けている条約によって平和を維持することは困難であろう。1997年後半に構築されたデータベースに含まれる145の条約の中で、遵守されなかった条約は、知られている限りでは存在しない。

条約からはさまざまな情報を学ぶことができる。その例として、地域の絶対的な権力、水需要がどのように満たされるか、政治情勢における水の重要性、開発問題、初期の条約は国家を効果的に導き保証する役割を果たしたか、などがある。

文献考察

条約に関する研究は、抗争解決に関する文献のほんの一部である。ごく最近ではウェスコート Wescoat（1996年）により「初期の多国間水条約に関する動向：歴史的・地理的な考察」(Main Currents in Early Multilateral Water Treaties: A Historical-Geographic Perspective) が出版された。テクラフ Teclaff（1991年）やマキャフリー（1993年）に代表される法学者たちは、国際法と条約について論じてきた。また、マキャフリーは条約制定の傾向に関する理論を発表した。とくに「切り貼り」的なアプローチから統合的な管理への移行、航行を主要な用途からはずす傾向、「均等な使用」への傾向などがあげられている。ヘイトン Hayton（1988年, 1991年）は、国際法の理論には水文学的なプロセスが含まれるべきであると主張した。デラペンナ Dellapenna（1995年）は1800年代なかばにまでさかのぼり、条約施行の進化について説明した。ウェスコートは、1648年から1948年の水条約に関する歴史的な傾向を包括的な見地から検証した。グルハティ（1973年）とミシェル Michel（1967年）は、ある条約とその承認にかかわった出来事や人びとに関するもっとも包括的な分析を行った。2人は1960年の「インダス川条約」について論じ、条約の内容とその精神を物語る歴史的背景についても述べている。グルハティとミシェルの研究のように、主要な条約に関するより詳細な分析は、データベース上の統計をより正確に解釈するために必要不可欠である。

近代の水関連条約における背景

19世紀になると、少なくとも漁業、規制化、航行に関して「水」を認識し取りあげている条約が増えていることが、条約に関する情報源からわかる（情報源のリストについ

ては、後述の「方法論」を参照）。人口増加による圧力は、水の重要性の増加に影響している。人口増加から発生した水に関する緊張状態によって、以前に条約で結論づけられていた要素が変化し、その結果条約が現状に適さない場合がでてくる。

水の配分問題は、交渉の初期段階において取りあげられる、航行規制および貿易規制などの経済的要素には含まれない。実際、水配分に関する条約のほとんどは、水需要や水をめぐる緊張が危機状態に達してからはじめて交渉されている。水力発電に関する条約は、ダム建設の減少にともなって大きく減少している。例外的にネパールでは、世界の潜在的な電力発電の推定2％（8万3000MW）（アリアル Aryal、1995年）をまかなっている。しかしネパールですら地質学、工学、財政の問題により現在は建設が減退している（ギャングリー Ganguly、私的に得た情報より）。

方法論

水関連の条約に関する情報源は数多く存在する。FAO（1978年、1984年）の条約に関するインデックスの中で、水利用に関する条約はもっとも多く、西暦805年から1984年にかけて3600以上が記録されている。FAOのインデックスに加え、法律文、寄稿論文、外交政策の資料集、個人の連絡先、国務省などのすべての情報がデータベースに追加される。

条約は、以下の課題のうち1つ以上を含んでいること、そしてそれらへの対処方法において該当性が認識される。課題には、水権利、配分、汚染、均等な水需要の提示に関する原則、水力発電および貯水池・洪水管理に関する開発、環境問題および河川生態系に関する水の「権利」、そして時には、航行、漁業、境界線区分などが含まれる。通常これらの課題は、ユニークかつ革新的な紛争解決策と組みあわされ対処される。

すべての条約は、特定の情報およびそれ以外の細かい情報に関して徹底的に読みこまれた。情報源によっては、抜粋あるいは注釈つきの条約要約しか記載していないものもある。これらの協定に関しても、最終的には情報の全文がデータベースに完全に記録されるだろう。要約された条約（原文からの直接の引用を含む）はデータベースに含まれ、その集大成は4.1に記載されている。情報は原文のとおり正確に記録されている。また、統計として示される際に、一部の重要データはパーセンテージに換算された。外交摩擦の防止に条約がどれほど効果的か、交渉の進行状況が順調であるかなど

の疑問が今後発せられ、その答えがデータベース中のギャップを埋めるにつれて、いっそう有意義な量的分析が可能となるだろう。

各条約の概要には次の情報が記載されている。流域名、主要課題、調印国の数、水以外の課題(資金、土地問題、水供給や水権利と取引される特権)、監査に関する規定、強制措置、紛争解決、水の配分方法と配分量(もしあれば)、調印日が含まれる。20世紀なかばより以前に調印された条約には不完全なものが多く、ほとんどの項目において一般的な答えしか含まれていない。そのころの条約は、当然ながら人口増加による影響をそれほど受けていなかった(つまり以前の条約では厳密な配分はそれほど行われていなかった)。したがってこれらの条約では、水量をめぐる競争や紛争に関して近代の条約ほど徹底して追求されていなかった。

「主要課題」の項目によりもっとも可能性の高い解答(7つ)が明確にされた。多くの場合、条約の主要課題を定義することはむずかしいが、他の項目の定義はそれほど困難ではない。例えば、委員会(あるいは協議会、技術諮問機関など)の存在は容易に定義できる。条約には委員会の定義の有無が記載されるからである。より困難なのは、委員会の権力に関する定義である。技術委員会により抗争が対処されることもあり得るが、通常条約では他の方法をとおして紛争解決に取り組む。条約に他の抗争解決について記載がない場合、紛争はまず諮問委員会に、その後関連する調印国政府にゆだねられると推測される。

データベースとその内容[*4]

調印国の数

統計的に見て、条約には共通の特徴がある。その例として、多くの場合国際河川には2国以上の周辺諸国が関係しているが、ほとんどの協定は2国間で調印されている(145のうち124、または86％)。多国間条約の作成と実施には、2国間条約に比べ多くの時間がついやされる。そのためか、2国以上が淡水(例えばダニューブ川)をめぐる利害関係にある状況でも、3か国以上を対象とした条約はほとんど存在しない(145のうち21、または14％)。

これほど多くの条約が2国間で結ばれている理由として、2国間のみで国際水域の大部分を共有しているからなのか、それとも交渉理論のとおり関係者が増えるほど交渉

が複雑化するからなのかは定かではない（ザルトマン Zartman、1978年）。2つ以上の関係国が存在する流域において2国間で協定を結ぶことによって、水資源管理者が長いあいだ奨励してきた包括的な地域管理の障害となる可能性がある。また「小国化」(Balkanization)——国を細かくより同質の単位に分裂すること。前ユーゴスラビアにおける、歴史的かつ現在も継続中の困難な状況に対して名づけられた——にともない周辺諸国の数も増えていく。

多国間条約は、まだまだ発展途中の段階にあり、現在データベースにも21しか集められていない。通常これらの条約では、小規模の環境問題やデータ収集しか扱われていないが、そのような現状を変えるための努力はすでに始まっている。諮問機関が設置された条約もあった。条約で欠けている要素についてフォローアップの役割を果たす条約は、今のところ制定されていない。

ウェスコート（1996年）は、「（地域的なものよりも）広範囲に及ぶ地政学的問題を反映している」という理由から多国間条約を検証しているが、2国間協定が多く存在するのを見れば、1対1の交渉が好まれていることがわかる。2国間協定を好む傾向の国の例として、インドでは2国間のみの交渉が長いあいだ支持されてきたが、ガンジス–ブラマプトラ川およびインダス川流域の管理に関して流域全体のアプローチを試みる際に、問題が発生している。データベースには含まれていないものの、「マーリ川協定」については「多国間協定」としてたくさんの分析がなされた。この協定はオーストラリアにおける3つの領土間のものであり、国際的な協定ではないが、インドとバングラデシュのように隣国同士の関係が薄い河川流域管理のモデルとして多く用いられている。データベースに含まれる多国間協定のうち3つをのぞいて、具体的な水配分はなされていない。配分問題に対処するため、諮問・管理機関を設置している協定もある。

21の多国間条約および協定のうち、途上国が13を占める。水資源配分に関して先進国間で多国間条約が結ばれた例はただ1つ、1966年にコンスタンス湖からの揚水に関してドイツ、オーストリア、スイスによって調印された条約のみである。途上国間の多国間協定では、水配分については明記されていない。そのかわりすべての協定には水力発電およびその他の産業利用に関する内容が含まれていた。

アラル海周辺諸国は、さまざまな問題に対処するため1993年に協定を調印したが、水配分問題には触れられておらず、将来の水利用に関する青写真を提供するものでも

なかった。アラル海と同様に、チャド湖もまた深刻な水資源の劣悪管理や大規模な揚水の問題を抱えていた（ラングレーラ、1994年）。「チャド湖水域条約」（1964年）は、カメルーン、ニジェール、ナイジェリア、チャドのあいだで結ばれており、湖水域の経済発展、湖の支流、湖水の産業利用などの課題が含まれているが、水配分問題は含まれていない。条約には、とくに条約の遵守に関して抗争仲裁の役割を担う委員会も設置されている。委員会の役割には、一般的な規則の制定、4か国による調査活動の調整、開発計画の審査、忠告や提言、4か国間の連絡維持などがある。

主要課題

多くの条約が水力発電と水供給に焦点をあてている。データベースの条約のうち57（39％）が水力発電、53（37％）が水利用の配分に関するものである。また、9（6％）が産業利用、6（4％）が航行、その他の6（4％）はおもに汚染に関するものである。145のうち13（9％）は洪水管理に関するものである。1つだけ（1％以下）、おもに釣りに関する条約も存在する（他の要素に関連してデータベースに含まれた）。

<u>監査</u>

条約のうち78（54％）は監査に関する条項を設けており、67（46％）は設けていない。監査について記載している条約には、情報共有、調査、データ収集のスケジュールに関する条項についても詳細にわたって記述されている場合が多い。

一般に、情報共有は好意的感情を生みだし、共有諸国間の信頼形成に役立つ。残念なことに、河川水流を機密事項として分類する国もあれば、共有情報の不足を交渉における時間稼ぎの理由として使う国もある。データ収集についやす時間および人件費の削減のためであろうが、監査に関する条項の多くにはもっとも初歩的な要素しか含まれていない。

いずれにせよ、条約調印国によって集められた情報は、後の議論のための確実な土台を提供する。インドとバングラデシュでは、おたがいの水文学的記録の正確さについて合意が取れずにいたが、最終的にはガンジス川流水に関するデータについて合意が取れ、それにもとづいて1977年に実行可能な協定を結んだ。情報収集および共有のもう1つのメリットとしては、技術者間および協議会のメンバー間に協力が生まれ、それ

による認識的な共同体の形成があげられる。条約内容の遵守を監査する条項を含んだ条約は今のところないが、このような付加要項を設けることにより、信頼関係や共同認識の絆が強化されるだろう。

水の配分方法

　水配分について取り決めている条約は少ない。配分に関して明確に定めている協定は54（37％）しかない。そのうち15（28％）は水の均等配分を定めており、39（72％）は詳しい配分方法を指定している。一般的に、配分に関する条約には以下の4つの傾向が見られる。

1. しばしば交渉において、（水路学や年代順などの）「権利をめぐる」基準から、灌漑可能な土地および人口などの「需要をめぐる」基準への移行が起こる場合がある。
2. 現在および将来の利用に関する、上流と下流の関係諸国間の対立においては、通常、下流国の需要がより主張され（協定で上流国の需要が取りあげられるのは、湿潤地域の越境的な水域に関してのみである）、下流国に既存の利用権が存在する場合は、その権利はつねに保護される。
3. 水配分に関する決定において、経済的利益はとくに重要視されない。しかし経済的な原則は、水およびその他の資源に関する「有益な利用」の定義に貢献し、ポジティブ・サムな解決策として多くの利益を示唆した。
4. 条約の内容ではそれぞれの流域の特色が、間接的にも直接的にも繰り返し表現されている。

　最後の点については、交渉者みずからが条約作成にたずさわった次の3つの事例において実証される。1959年に調印された「ナイル川水条約」（Nile Waters Treaty）では、既存の利用状況にもとづいて水流が均等に分割され、アスワン・ハイ・ダムとジョングレイ運河計画から予定される供給量が均等に配分された。また、ジョンストン交渉では、ヨルダン川流域の灌漑可能な土地にもとづいて周辺諸国間の水配分が行われた。配分後の水利用に関しては関係諸国の自由にゆだねられた（例えば、流域外への分流化など）。「国境水域協定」（Boundary Waters agreement）は、水力発電に焦点をあててカナダ・アメリカ間で制定された。その内容は、観光シーズンのピークである夏季の日中において、有名なナイアガラ滝の流水量の最少限度をより高く設定するというものであった。

水力発電

　条約のうち57（39％）は水力発電に焦点をあてている。発電施設は開発の促進につながり、安価な電力供給を可能にする水力発電は経済発展の促進につながる。しかし大規模ダム建設の資金不足、新たなダム建設地に適切な場所がないこと、環境問題への配慮などから、ダム建設の時代はまもなく終わりを迎えるだろうという説もある。

　世界的な河川の源流が存在する山地の途上国が、水力発電に関する多くの協定の調印国であることは当然といえるだろう。ネパールを例にとって見ると、潜在的な量も含めた水力発電量は世界中の水力発電量の推定2％に相当する。そのネパール1国だけでも、地域の潜在的かつ莫大な電力の利用のため、インドと4つもの条約（1954年、1966年、1978年の「コシ川協定」、1959年の「ガンダク川発電計画」）を結んでいる。

地下水

　地下水供給に関する条約は、次の3つしか存在しない。1910年の「イギリス・アブダリ君主間協定」、1994年の「ヨルダン・イスラエル協定」、1995年の「パレスチナ・イスラエル協定」である。汚染問題に焦点をあてた条約は、大抵地下水についても述べているが十分な量ではない。

　地下水に関する法律の複雑さについては、本書の別の箇所でも取りあげている。地下水の過剰な汲みあげは、海水浸透、蒸発堆積などによって起こる自然界からの塩分流入によって、人間の利用水源である帯水層に悪影響を及ぼすことがある。そのため地下水の配分はとくに複雑さを要する。

　1989年に起案された「ベラージオ草案条約」（The Bellagio Draft Treaty）では、地下水交渉における法的枠組みの適用を試みた。条約では、共有帯水層の共同管理の必要性が強調され、相互の尊重、良好な隣国関係、相互協力性にもとづいた原則が記述されている。また条約では、地下水に関するデータ収集は困難で費用もかかること、情報共有は協力的かつ相互交換的な交渉に依存することなどが認識されているが、同時に将来の地下水外交に役立つ枠組みが提供されている。

水以外の課題

　条約交渉を成功させるために、水抗争に関する範囲を拡大し、水以外の関連課題を取

りあげることもある。例えば、汚染による被害が下流国で発生した場合、上流国は汚染物質投入の廃止や排水の削減に代わる案として、処理工場の設置資金の提供を選択するだろう。このような状況では、大量の汚染水や水質の低い水に対処するよりも、少量でも良質な水の供給が下流国との関係改善に役立つこともある。このような方法により、流域における水およびその他の資源に関する「パイ（利益）が拡大される」。水以外の課題としては、資本金が44（30％）、土地問題が6（4％）、政治特権が2（1％）がある。10の条約（7％）がその他の課題を扱っており、83の条約（57％）は主要課題のみを扱っている。

このような関連課題の例としては、1929年にイギリスがスーダンとエジプトへの技術援助に同意した「ナイル川協定」があげられる。1972年の「ブオクサ川協定」（Vuoksa agreement）では、ソ連は支払いの代わりとして、フィンランドで失われた電力の永続的な補償に同意した。イギリスですら、1800年代後半のダム計画により河川通航に支障がでたため、その補償としてインドのハシミテ川の新たな拡大地帯へのフェリー・サービスを設置した。

ダム計画により氾濫した土地に対する補償はよく行われる。例えば、イギリスの植民地は通常、水運搬と貯水池の維持に対する支払いに同意しており、イギリス政府は民家への被害に対する支払いに同意している。しかし資本金は、新たな水運搬設備の建設など（1954年と1966年に調印された「インド・ネパール間コシ川計画協定」が、2つの例としてあげられる）、より多くの外的影響や必要条件に対する代償をまかなうことができる。

水配分に関する条約は、水に対する支払いに関しても取りあげている。44の条約（30％）で金銭的な譲渡や将来の支払いに関して記述されている。古くは1925年に、イギリスは植民地の川において、均等な利用へと移行し始めていた。ガシュ川はエルトリアにも流れているため、スーダンは新しい灌漑計画により発生した収入の一部を同国に支払うことに同意した。条約には、貯水池の影響による水力電力および灌漑の損失に対して、なんらかの補償の必要性を定めているものもある（1951年の「フィンランド・ノルウェー条約」と1952年の「エジプト・ウガンダ条約」にはこのような条項が含まれている）。これらの条約では、水を権利として扱うよりも、水の金銭的な価値に関する側面が強調されている。

表1　水以外の課題および特殊な水共有に関する条約条項

協定名	条項
ウガンダのオーエン滝ダム建設をめぐるイギリス・ウガンダ・エジプトによる協定制定のための公文交換。	エジプトはウガンダに対し、98万ポンド（水力電力の損失として）、また（のちの洪水に際して）賠償金を支払うこと。
ドラバ川の水をめぐる経済問題に関するユーゴスラビア政府・オーストリア政府会議。	ユーゴスラビアは8万2500MWhの報酬として、産業製品を金額に換算すると少なくとも5万シリング分を4年間で受け取る。
ジョンストン交渉。	シリア：132MCM（10.3％）、ヨルダン：720MCM（56％）、イスラエル：400MCM（31.0％）、レバノン：35MCM。各国流域における灌漑可能な土地面積にもとづく。
コロラド川からメヒカリ渓谷灌漑用地への水貸しつけに関する協定制定のための〈アメリカ〉と〈メキシコ〉における公文交換。	アメリカは1966年9月から12月にかけて4万535エーカー-フィート（50MCM）の水量を放水する。その後1年から3年間にかけて、気象状況を考慮に入れながら同量を保持する。
イマトラ（略）に区分されるブオクシ(Vuoksi)川の一区域における電力生産に関する〈フィンランド〉・〈ソビエト〉協定。	フィンランドに対して、損失した1万9900MWhの流水量分が永続的に補償される。

　紛争管理や地域研究は個別化されているため、似たような条約に関する情報を他の地域において見つけるのは困難である。データベースの調査からは、抗争解決に関する興味深い手法が明らかになってきた。その中のいくつかは、簡単な考察の価値があると思われる。1952年の「エジプト・ウガンダ条約」および1951年の「フィンランド・ノルウェー条約」では、経済的な補償を約束した条項を設けているが、金銭をともなわない補償や配分を規定している条約もある。このような選択に共通する特色としては、

「水の配分方法」でも述べたように、水利用や単なる金銭譲渡にとどまらず、多角的な利益の利用を目的としていることがある。表1では、水以外の課題や水共有に関するユニークな手法が提示されている。

施行

条約では、技術委員会、流域委員会、政府閣僚をとおして抗争が対処される。52の条約（36％）では、諮問委員会や紛争処理機関が、各関係国の政府内に設けられている。14の条約（10％）では、第三者機関や国連に抗争処理をゆだねている。32の条約（22％）には抗争解決に関する条項が設けられておらず、47の条約（32％）は紛争解決機関の設置に関する記載が不完全もしくは不明確である。技術諮問機関による抗争の対処は可能かと問われれば、おそらく可能であろう。しかし方法論（前述）でも述べられているように、条約にはそのような活動に関する規定はない。

歴史を振り返ってみると、武力や軍事的な脅迫により水条約の遵守が徹底されたこともあった。しかし条約遵守の保証としては、合同協定のほうがはるかに望ましく、費用もかからない。イギリスは世界でもっとも強力な政府と軍事組織を保持していたため、植民地における水条約への服従を強いることが可能であった。それと同様に、水配分協定では権力関係が存在することが多く、地域における権力的な国に有利に働く傾向がある。1959年の「ナイル川水条約」に代表される事例では、一部の周辺諸国が条約にまったく記載されていないなど、流域における不均衡な権力関係を提示している。

これらの条約における紛争解決のメカニズムは、一般にまだそれほど洗練されていない。その一方では、新しい監査技術により強制措置に関する新たな可能性も生まれてきている。今日では遠隔感知システムやラジオ・コントロール・システムの組みあわせにより、リアルタイムでの流域管理が可能である。条約の改良における次なる主要課題は、相互に実施可能な条項であり、それらは客観的かつ高度に詳細化されたイメージ技術や科学テストの改良、より正確な水流計算の技術に裏づけされたものになるだろう。

要約

条約に関する研究文献は少なく、そのため国際協定に含まれる貴重な情報の多くがまだ発表されないままにある。条約の成果や、諮問・仲裁協議会が公正かつ平和な関係

の維持に貢献しているか知るためには、より多くの情報が必要である。成功事例に関する研究は、他の地域の交渉において新しいアイデアを生みだすヒントになるかもしれない。また、失敗に終わった協定や、友好関係の確立が困難である協定について議論する場合に、成果を収めた条約の関係者からのアドバイスも望まれる。今後、より多くの条約が加えられデータベースが充実化していくにつれて、より明確な傾向が確認され、抗争解決の範囲をさらに拡大させるツールが研究者たちによって生みだされるであろう。

注釈

*1. これらの議論のいくつか、およびケーススタディの多くは、ビンガムらの文献におけるウォルフの研究（1994年）を要約したものである。
*2. 地域的な水をめぐる政治における権力は、河川周辺諸国間の関係を表しており、上流国は（従来の軍隊、政治、経済に関する権限に加えて）水資源に関しても下流国より大きな権限を保持している。いずれにせよ、隣国に影響を与える計画が施行される場合、通常その施行者は地域の権力者である。このような行為は、関係諸国の関係を「無視」したものである。
*3. 本書のデータベースの異なる要素の作成に関しては、次の機関から資金援助を頂いている：アメリカ平和研究所、世界銀行、アメリカ国際開発庁、パシフィック・ノースウエスト国立研究所、アラバマ水資源研究所、アラバマ大学、オレゴン州立大学地球科学部。
*4. 以下のうちいくつかは、ハムナー Hamner とウォルフ（1998年）によって結論づけられた。

2.2 環境抗争

環境の安全保障

　「環境の安全保障」（生態系の安全保障とも呼ばれる）の概念は、冷戦以後世界中で劣悪化する自然環境に関する危機について、現在受け入れられている考え方に取って代わるものである（ダベルコ Dabelko とダベルコ Dabelko、1995年）。また、「環境の安全

保障」の概念は、淡水資源やその他の資源に関する安全保障の必要性を説明するために役立つ。

「環境の安全保障」の研究は、定義づけの合意が取れないことが障害となり、発展が遅れていた。「環境の安全保障」に関する文献を見ると、安全保障を重要視した考え方と環境問題を重要視した考え方のあいだで議論が交わされていることがわかる。

歴史

「環境の安全保障」に関する問題は、適切な対処を必要とする地政学的問題として、冷戦の終わりごろから注目されてきた。この種類の安全保障は、国家にとって国防と同じくらいの重要性を持つものである。エル-アシュリー El- Ashry は、こう述べている。「いかに強力で豊かな国でも、その国の海岸線から遠く離れた場所で起こる環境変動の影響からは逃れられない、ということに国々は気づき始めている」（1991 年: 16）。

1977 年には早くも、環境活動家のレスター・ブラウン Lester Brown が、環境問題を含めた国家安全保障の再定義づけを唱えた。つづいて 1983 年、同様の意図でリチャード・ウルマン Richard Ulluman は「安全保障の再定義」（Redefining Security）という論文を発表した。そして 1987 年、第 42 回目の国連総会において、「環境の安全保障」と名づけられた概念が正式に発表された。さらに 1988 年、旧ソビエト連邦外務大臣のエドワルド・シュワルナゼ Eduard Shevardnadze が総会において、「自然環境に関する地球規模の危機は、核問題や宇宙問題に匹敵するほど緊迫性を増している」と発言したことから、この問題はますます注目されるようになった。

概念の定義

「環境の安全保障」に関する概念を考える時、次のような興味深い疑問点が浮かびあがってくる。「環境の安全保障」とはなにか？ 誰にとって重要性を持つのか？ その理由は？ 地域内または地域間の紛争を自然環境の悪化や資源不足問題に結びつけて考える際に、「環境の安全保障」のような概念が重要なのか？ 実際に自然環境の変動や悪化によって安全性に問題が生じるとして、それは誰にとっての安全がどのように脅かされるのか？ 環境問題とその危機を定義につけ加えるため安全保障を再定義す

る必要があるのか? それとも環境問題を紛争の一要因として考えるべきなのか?

また、「環境の安全保障」によって解決される危機にはどのようなものがあるかの定義づけも問題となる。暴力や紛争がこのような危機にあてはまるという意見もある一方で、環境資源の悪化とそれによって起こる生活の質の低下こそが解決されるべき危機だという意見もある。

1994年に、ダルビー Dalby は「環境の安全保障」を次のように述べた。「人間による破壊から自然環境を保護すると同時に、自然環境の変動や悪化によって引き起こされる政治紛争や戦争を防止するための政策である」(オローリン O'Loughlin にて、1994年: 72)。さらに地政学辞典の定義によれば、「環境の安全保障」には、自然環境の悪化によって多くの人びとが住む場所を移動せざるをえなくなった場合などの、政治的に不安定な状況から起こる危機も含まれている。また、冷戦での軍事的準備による環境破壊や、湾岸戦争の余波で起きた環境破壊なども定義に含まれる (1994年: 72)。

ダルビーによる定義は、一見、安全保障的な見地からも環境的な見地からも満足のいくもののように見えるが、実は根本的な矛盾を含んでいる。すなわち一方では人間の手から自然環境を保護しなければならないと述べているにもかかわらず、他方では自然環境の変化や悪化にともなって起きる紛争や戦争から人間を保護しなければならないと述べているからである。

クマール Kumar (1995年) は、「環境の安全保障」の概念を定義するためには、まず始めに国家の安全を脅かす環境的な危機にはどのような段階が含まれるのか、認識することが重要だと述べている。環境危機が起こる段階としては、まず人間によって自然環境に影響を与えるなんらかの行為が取られ、それによって大きな環境変動が起こり、ひいては社会的規模の破壊につながる結果となる。このような社会的規模の破壊により、さまざまな衝突が発生する。「衝突が発生する時こそ、安全保障が危機にさらされる時である」とクマールは説明している (1995年: 154)。国家の安全を脅かす環境危機を分析するには、ある段階から次の段階への移行を促進および妨害するさまざまな要因を見極めることが重要である、というのが彼の説である。

「自然環境」と「安全保障」の定義づけと分析をめぐり、ホーマー-ディクソン Homer-Dixon とレビー Levy のあいだで過去数年間にわたり討論が交わされている (1995年、1996年を参照)。レビー (1995年) は、「環境の安全保障」を定義するにあたり、

「自然環境」には物理学と生物学の体系的な結びつきを、「安全保障」には諸外国の脅威から国家の尊厳を保護することを強調した。彼は、これまで行われた研究で、地域的な紛争において自然環境が果たす役割が理解されなかったのは、紛争の原因が完全に理解されていなかったからだと結論づけている。今後の研究においては、自然環境よりも紛争そのものに焦点を置くべきだと、彼は述べている。レビューのその後の研究では、地域的な軍事紛争の原因究明の必要性に焦点があてられている（1995年の複数の論文より）。

　ホーマー−ディクソンは、トロント大学の平和紛争学プログラムとアメリカ芸術・科学アカデミーの代表的な研究者である。彼は、環境資源の不足問題と深刻な紛争の関連性を明確化しようと試みた。彼は「環境の安全保障」を以下のように定義している。

「環境の安全保障」には二面性がある。1つは飢餓や疫病など環境的な問題による長期的な危機に対する安全保障、もう1つは日常生活における環境的な問題により発生する緊急で有害な災害に対する安全保障である。これらの危機は収入や開発のレベルに関係なく起こり、また家庭、職場、地域など場所を選ばず発生する（1996年: 56）。

　ホーマー−ディクソンは、環境負荷と暴力の関連性に大きな焦点をあてており、安全保障という言葉のかわりに資源不足という言葉を、多くの論文の中で使用している（1991年、1993年、1994年、1995年、1996年）。彼による環境資源不足の定義は、再利用可能な資源の不足を意味する。このような資源不足には、供給的な誘因、需要的な誘因、構造的な誘因などが含まれる。

　「環境の安全保障」については定義の合意がまだ取れていないため、複数の異なった見解が議論されているものを、文献から多く取りあげた（例としてダベルコとダベルコ、1995年を参照）。

論争
安全保障の再定義

　どちらの主張も、環境問題が紛争や安全保障に影響を及ぼすという点で一致していることが、文献からわかる。このような共通認識があるからといって、環境問題は紛争の主要原因ではないし、また環境問題イコール安全保障問題というわけでもない。す

でに確立されている紛争や安全保障に関する考え方の中で、自然環境や環境問題をどのように位置づけるかという詳細な点において、議論が交わされているのである。

「環境の安全保障」に関する研究者の多くは、安全保障という言葉にはより総括的な定義が必要だと議論している（ブラウン、1977年；ウルマン、1983年；マシューズMathews, 1989年；レンナーRenner, 1989年；マイヤーズMyers, 1993年）。新しい定義では、安全保障は国家的な行為であるという従来の考え方からは遠ざかっている。マシューズ（1989年）は、国家安全保障の定義はその意味あいを拡大させ、資源、環境、人口統計などの問題を取り入れるべきだと述べている。ダベルコとダベルコは、「安全保障の概念は、自然環境の悪化という新たな危機を反映させる必要がある」と提唱している（1995年: 8）。マイヤーズは、「ワン・ワールド」（One-World）的な生き方や考え方を提案している。彼によれば、自然環境の欠乏が深刻化するにつれ、紛争が起こりやすい状況が発生する。これら自然環境の欠乏は、過去そして未来において、原因の究明に役立ったり、核心となる原因を深刻化させたり、紛争の性質を決定づけたりとさまざまな役割を果たすものである（1993年: 23）。

安全保障の再定義には異議を唱えるが、環境破壊を重大な問題として認識することには賛成だという研究者たちもいる（デュードニーDeudney、1990年、1991年；ダルビー、1992年、1994年；コンカConca、1994年）。デュードニーは、環境変動および悪化と国家間紛争の因果関係について疑問を投げかけている（ダベルコとダベルコ、1995年）。デュードニーの主張は、国家安全保障の伝統的な焦点である国家間の暴力は「環境問題やその解決法とはほとんど関係がない」し、「環境破壊が国家間の争いを引き起こす可能性は低い」という彼の確信にもとづいて論じられている（1990年: 461）。また、暴力に関する安全保障と環境危機に関する安全保障に類似点が見られる場合にのみ、環境破壊は国家安全保障の危機だという認識が役立つだろうと述べられている。彼によれば、これら2つは性質、分野、原因、緊迫性などにおいてまったく異なるものだと説かれている（1991年: 23 − 4）。これに反してグレイクGleick（1991年）は、環境問題の厳密な定義をもとに、実際に環境問題は暴力的な紛争と関連性があると主張した。

ウェスティングWesting（1989年）は、安全保障の追求は全人類にとって重要だと認めているが、環境問題のみに焦点をしぼるのでは不十分であると述べている。彼の見

解は、世界人権宣言にもとづいた全人類のための安全保障であり、「環境の安全保障」と政治的な安全保障の両方が含まれている。これら両方の要素が満たされて、初めて安全保障が確立される。ウェスティングによれば、「環境の安全保障」が確立されるには2つの必要条件があるという。
1. 安全保護の条件: 人類を取り巻く環境の質。
2. 利用の条件: 再利用可能な自然資源の持続的な利用。

軍事

　多くの研究者たちは、「環境の安全保障」と国家安全保障の重複する部分について、安易に軍事と結びつけた解釈がなされないように、語彙の選択に関して慎重である（デュードニー、1990年；ダルビー、1992年；コンカ、1993年）。マシュー Matthew はこれに関する1つの見解として、「国家安全保障が正しく効果的に機能するためには軍事的な危機に厳密な焦点をしぼるべきであるが、「環境の安全保障」を考慮に入れることにより国家安全保障本来の概念が薄れてしまう危険性がある」と述べている（1995年: 19）。別の議論では、「安全保障」を確立するための軍事的な支援や労力に論点があてられている。また、軍事行動こそが加害者であり、環境破壊の原因であると主張する人びとも多数いる。彼らによれば、軍隊は解決策ではなくむしろ問題の一部であると考えられている。しかし一方で「環境保護を強調することにより軍隊の準備体制や戦争能力に支障がでるのではないか」と懸念する声もある（マシュー、1995年: 19）。

紛争の原因

　環境負荷は紛争の原因となるのだろうか？　多くの研究者たちは確信を持って「イエス」と答えるだろう。自然環境の変動を国際政治の最重要リストに加えるべきだという主張にもとづき、複数の研究者たちがその関連性をケーススタディを使って説明している（例として、ウェスティング、1986年；マイヤーズ、1987年；グレイク、1993年；クマール、1995年；ホーマー‒ディクソン、1991年から1996年を参照）。

　ホーマー‒ディクソンの調査（1993年、1994年）によれば、環境資源不足が国内紛争の根本的な原因であるという証拠が確認されている。このような国内紛争は、自然環境の変動にともなう人口移動のため発生する人種的な衝突や、環境資源不足に影響さ

れた経済的な生産性をめぐる民間の争いなどが原因となっている。

　ウェスティング（1986年）は、国家間紛争に関して「20世紀に起きた紛争で、明らかに資源問題にかかわるものは12あった」と述べている。ホーマー-ディクソンは「再利用可能な資源については、国家間紛争の原因だという仮説を支持する事例は少なかった」と述べている（1994年: 39）。

議論の総括

　研究者たちは、さまざまな議論をとおして、「環境の安全保障」を学ぶ者たちへの適切なアドバイスを残している。

　コンカ（1994年）は、人びとや機関が「環境の安全保障」をどのように考えているのか、以下の3つから認識する必要があると述べている。

1. 実質的な価値を持たない美辞麗句。
2. 制度的な変化にともなう優先順位の変更。
3. まったく新しい安全保障に関する考え方の受け入れ。

　ショウ Shaw（1996年）は、「環境の安全保障」を学ぶ者に重要なのは適切な状況把握であると述べている。彼は、自然環境と安全保障の関係を確立するために必要な3つの条件があると示唆している。

　第1に、安全保障問題と自然環境問題のあいだの密接な関連性を理解することが重要である。問題の程度や与える影響は、その問題の起きている場所やどれくらい影響を受けやすいかに関連しているからである。第2に、安全保障の問題は、環境問題が及ぼす影響の大きさを理解するのに役立つものである。第3に、環境問題の分析は、関連する安全保障問題の分析と矛盾があってはいけない（1996年: 40）。

　ショウはこの点を説明する例として、イスラエル・ヨルダン間の水問題と似たような問題が、アメリカ・カナダ間で起きたとしたら、状況はまったく異なるだろうと述べている。彼はまた、一般的な環境問題と紛争の発生のあいだに直接的な関連性を見いだすのは、世界各地域の異なる特色のため困難であろうと述べている。ダベルコとダベルコは「すべての環境問題を強引に安全保障や紛争の類型にあてはめるべきではない」

と述べ、状況の前後関係を把握することの重要性を支持している (1995年: 8)。

越境的資源としての水

　研究者たちは、「環境の安全保障」問題の研究における、越境的な資源の重要性を認識している（ホルスト Holst、1989年；マシューズ、1989年；リプシュッツ Lipschutz、1992年；ダベルコとダベルコ、1995年）。重要な点は、問題に対する主要な責任を負う国と、もっともひどい環境破壊を受けた国は、しばしば異なるということである。ダベルコとダベルコは「1国内で発生した環境危機や資源不足により、周辺諸国が大幅に影響を受けることもある」と指摘している（1995年: 9）。マシューズは「越境的な環境問題は、国家統治権という絶対的な境界を壊しはじめている」と述べている（1989年: 162）。

　水は、需要が増加しつづけていることもあり、多くの国家にとってきわめて重要な環境資源となりつつある。淡水は再生可能であるが、限りのある資源である。地域に毎年いき渡る水量は限られている。さらに干ばつなどにより、この供給量が極端に平均を下回ることもある。また、人口と産業に必要な水の量も増えつづける中、水需要は、満たされている場合もあるが、地下水の汲みあげなどの手段を使っても供給可能な水量をはるかに超えてしまう場合もある（ポステル Postel、1993年: 10）。このような水不足問題は、供給量のみならず水質に関しても、多くの下流諸国にとって争いの誘因となり得る（ユーフラテス川、ガンジス川、ナイル川、リオ・グランデ川が例としてあげられる）。

　リプシュッツは「水の権利が不公平に配分されている、または水の権利をめぐり論争が起きるかもしれないという思いこみにより、実際の供給状況とは関係なく紛争に発展する場合がある」という見解を述べている（1992年: 5）。ダベルコとダベルコはさらに「越境的でグローバルな環境問題の性質からして、これらの問題に対処するうえでもっとも重要なのは、競争ではなく協力である」と述べている（1995年: 5）。

要約

　「環境の安全保障」はまだまだ発展途中の概念であるが、早くもいくつかの共通する傾向が確認される。第1に多くの研究者たちは、環境の変動や悪化（人為的な現象およ

び自然現象を問わず）が、あらゆるレベルにおいて人間に及ぼす影響に関する研究の重要性を認識している。第2に、伝統的な方法と新しい抗争解決策の両方をつうじて、自然資源抗争の解決を模索する必要がある、という点において共通認識が存在する。第3に、これまでの安全保障の概念の改革を目指すにしても、国家の安全を脅かす要因の1つとして環境を研究するにしても、資源不足問題は将来的に紛争の引き金になるであろうという、根本的な主題が存在している。この点についてマシューはもっとも的確に述べている。

地球の環境保護と人間の繁栄に関しては、現在ある資源や設備を使って生産をつづけるのか、現在の方法を改めてこれ以上の環境破壊を避けるのか、または産業国家の特権的地位を保護し営利と技術を再配分していくのか、などの厳しい選択を迫られている。環境的に安全な将来にむけた明確な解答は存在しない。むしろ、紛争や暴力などの悲劇に発展する可能性はたくさん秘めている。このような事態を避けるためには、画期的な改革、現実的な視点、そして妥協も要求されるだろう（マシュー、1995年: 20）。

その他の資源

マクドネル MacDonnell（1988年）に指摘されるように、自然資源をめぐって起こる抗争にはいくつかの原因と種類が見られる。抗争の原因としては、ある資源をめぐる価値観や重要性（宗教、生産高など）に関して人びとのあいだで相違がある場合や、現在または将来における資源利用、資源利用に関する外的影響などがある。抗争は民間団体と政府機関のあいだで起こる場合や、複数の民間団体や異なる政府機関が関係してくる場合もある。この章でも例にあげられているように、抗争の原因と種類を理解することは、解決方法を選択するうえで役に立つだろう。

資源不足問題の深刻化

産業の発展、都市化、農業の拡大化などにともなって、利用可能な自然資源は量と質の両方において年々低下している。自然資源の需要が増加するにつれて、これら希少資源の利用や供給に関する付加価値があがるという事態が発生する。ヤング Young に

よる研究では、深刻化する資源不足問題の現状について、全般的にまとめられている（1991年）。アントル Antle とハイデブリンク Heidebrink（1995年）は、経済成長段階において各国が直面する、環境と開発のバランスについて考察している。ヤングやアントルやハイデブリンクによって取りあげられていないのは、これら自然資源をめぐって起こる抗争の数の増加についてである（このような抗争が増加しているという事実は、増えつづける文献から容易に確認できる）。レドクリフト Redclift（1991年）は、持続可能な開発の別の面を取り入れた全般的な議論を展開している。彼は経済的な視点に加えて、政治的な視点や認識論的な視点（知識の習得および概念的なシステムへの応用）からも述べている。アルヘリティア Alheritiere（1985年）の論文は、共有資源をめぐる公的かつ国際的な抗争の解決に焦点をあてている。彼はその論文の中で、資源抗争を解決するためのいくつかの方法を提案している。それには、直接交渉、調停、仲裁、調査と和解、協議会、仲裁裁判、法的な取り決めなどがあげられている。また、それぞれの方法と異なる資源に関してのメリットとデメリットについても述べられている。

　以下のセクションでは、さまざまな資源に関連して起きた抗争について、文献で述べられたものを掲載した。

石油

　石油をめぐる抗争には、いくつかの異なった要素が関係している。一方で、石油の生産権、および油田の境界線問題と採掘権をめぐって抗争が起きる場合もあれば、石油汚染をめぐる抗争も増加している。また、ここでは取りあげないが、OPEC諸国によって決定される石油の価格をめぐり抗争が起きる場合もある（トーマン Toman、1982a, 1982b）。

　ミッチェル Mitchell（1994年）は、石油汚染の国際的な管理に関して2つの方法を提案している。石油排出に関する規制と、設備に関する規制である。石油排出規制は、石油排出区域を規制することで海岸線を保護する目的のもので、イギリスとドイツ、オランダ、アメリカなどで実際に起きた抗争が事例として説明されている。設備に関する規制は、コンテナの種類や使用される安全装置（例えば、隔離されたバラスト・タンク）を規制するものである。政府機関による輸送の利益（フランス、日本）と、民間に

よる輸送の利益（デンマーク、ドイツ、ギリシャ、ノルウェー、スウェーデン）を守ろうとする多くの政府によって反対が述べられたが、結局この方法は合意を得た。しかしこの条約がどれくらい遵守されているかについては、論文の中で疑問視されている。また、規制機関の構造を明確にすること、有効かつ低コストの制裁措置を設けること、違反の防止より条約に対する遵守性を強調することなどが提案されている。

　デヴリンDevlin（1992年）は、イランとイラクのケーススタディを使って、ある政治体制における石油採掘政策と、1国1党主義政体における政治スタイルの関係について説明している。この章で取りあげられている自然資源の抗争解決と直接の関連性はないが、抗争を理解する解決プロセスにおいて、国内政策は重要な意味を持つ（レ・マーカンド、1977年）。

　ヴァレンシアValencia（1986年）は、世界各地で起きた、石油や鉱物資源をめぐり権利の主張が重複する国際紛争について述べている。ここで問題の焦点となるのは、越境的な帯水層や漁場の場合と同じように、所有権に関する十分な定義が存在しないことである。論文の中で述べられているように、このような抗争の望ましい解決策は、所有権が重複する地域で共同開発に関する協定を結ぶことである。数多くの例をもとに、このような協定に共通する点をあげてみよう。

1. 対象地域の境界線の定義。
2. 共同管理体の性質と機能。
3. 契約の種類（契約の期間と満期に関する規定）。
4. 経済的な取り決め。
5. 利用権の保持者、協定の管理者、実施手順などの選定プロセス。
6. 紛争解決の原則。
7. 技術の伝達。

土地

　土地をめぐる抗争も石油と同様に、所有権や石油含有地の境界線や採掘権、土地の侵食問題などを理由に起こる。ハイチで行われた研究は、上流での不適切な管理のため下流の土地で発生した越境的な侵食問題を扱ったもので、共同所有資源の管理に関す

る協力的アプローチが紹介されている。このケーススタディ分析によれば、土地の保全に関連した動機づけが、農民側に協力的な歩みよりを受け入れさせるきっかけとなった。また、規則に柔軟性を持たせ、ダム建設およびその管理を小規模にして必要な投資と労働を少なく押さえたことで、すべての関係者の協力を得ることに成功した。各関係者からのより良い協力をうながした誘因で、他の状況にもあてはまると思われるものは以下のとおりである。

1. 直接的または間接的な潜在的利益。
2. 協力体制の維持に必要な取り組みの度合い。
3. 土地の保有条件。
4. 信仰している宗教。
5. 所有財産。
6. 土地保全を目的とする出資。

広大なアラスカの土地をめぐり、先住者たちによってなされた所有権の主張は、1867年にアラスカがアメリカに売却された時にその端を発する。先住者たちは土地の所有権を主張し、売却に抗議した。1958年にアラスカがアメリカの州に制定された時には、文化や伝統を尊重した紛争解決が重要視された。合衆国法と政策により、アラスカ先住民の土地所有権と野生生物の保護が承認された。先住民の発言のためのプロセスが考えだされ（バーガー Berger、1988年）その結果、アラスカ先住民検討委員会（Alaska Native Review Commission）が設立された。この委員会がエスキモー・ビレッジやNGOのための顧問的な役割を勤めた。委員会は先住民の土地所有権に関するすべての証言や勧告を書類にまとめた。この紛争は委員会という形式の中で対処されたため、関係者たちが勧告を受け入れたかどうかは明らかでない。

モザンビークのチョクウェ族の例からもわかるように、同じ水源を利用した灌漑計画は、土地と生態系の破壊に関する抗争を引き起こす可能性がある（タナー Tannerら、1993年）。研究により、土地や水資源の利用に関する抗争、灌漑施設の損傷に関する抗争、収穫に関する抗争などの原因となる、いくつかの要素が確認された。この中から土地抗争に限定して述べると、これらの抗争は、地域の家長、計画参加者による実行委員会、灌漑管理会社の代表者などの権威的な勢力によって解決されている。

道路

　道路関係の抗争は、開発計画のある土地において、住民と地域または国とのあいだで価値観の相違がある場合に起きる。ハラシナ Harashina（1988年）は、「東京湾幹線道路計画」（Tokyo Bay Area Artery Project）に関連したいくつかの抗争やケーススタディについて考察している。これらのケーススタディが示す重要な結論は、計画の作成と同時に仲裁を開始する必要があるということである。関係者を集めてさまざまなオプションを検討すると同時に、対立が発生する可能性をふまえ仲裁役を配置しておくことが必要である。

釣り

　グラマン Gramann とバージ Burdge（1981年）は、釣りとその他のレクリエーションの相互関係を調べた。イリノイ州のシェルビービル湖に訪れる観光客にアンケートを取ったところ、スキー客と湖の釣り客のあいだには相反する目的があることが判明した。そのため2種類の観光客のあいだで起きた対立が、詳細な分析によって説明されている。その分析では、スキー客と釣り人の目的の相違による対立は深刻に書かれていないものの、グラマンとバージの調査は、レクリエーションに関する対立の様相を理解する助けになる。

大気汚染

酸性雨

　化石燃料を燃焼させることで発生する酸性雨は、国際的な問題である。酸性雨は、国内および国際的に公害問題として理解されていたが、1979年に「長距離越境大気汚染条約」（Convention on Long-Range Transboundary Pollution）が調印され、1985年に54か国により裁可され、国際的に公害問題として認知された。この条約は、データ収集ネットワークとデータ共有システムを備え、公害物質の取り扱いに関する条例を規定している（マコーミック McCormick、1985年）。

　中国は世界有数の石炭使用国であり、二酸化硫黄の排出量がアジアでもっとも多い。比べて日本は多種のエネルギー資源を使用しており、石炭の使用率はわずか16％である。中国で派生する公害の影響が、日本で降る酸性雨の原因になっているかもしれな

いという研究結果が存在する（マツウラ Matsuura、1995年）。この問題に対して日本では、開発援助プログラム（Development Assistance programme）をつうじて中国に技術的援助を提供し、廃棄物の減少化を向上させることで、日本への影響の解決に取り組んでいる。

　タホブナン Tahovnen ら（1993年）は、フィンランドとソビエト連邦で起きた酸性雨をめぐる抗争について調査した（原文のとおり記載）。中国と日本の例に似て、フィンランドとソビエト連邦の相違が、この抗争に興味深い要素をつけ加えている。2国間には長い国境線が存在するため、越境的な大気汚染問題は深刻である。ソビエトの産業活動によりフィンランドに排出される硫黄の量は年間65万1000トンにもなる。この排出物が森林土壌の酸性化につながる。フィンランドからの越境的な大気汚染がソビエト領土に与える影響も多少はあるはずだが、それに関しては記されていない。提案されている解決策には、産業活動の制限にともなう排出量の減少、排気を減らすような産業技術の向上、燃料基準の改良などがある。論文では、2国間の合意のために、協力的アプローチと非協力的アプローチの両方を取り入れている。実際には、排気の50％減少化に関する協定が、紛争解決に結びついた。しかし、50％の排気減少化が公害に関係している全地域において施行されるのかどうか協定には明記されておらず、その点が協定の成果に大きく影響する可能性がある。

　酸性雨公害に関するその他の資料は、ハウドン Hawdon とピアソン Pearson（1993年）、ポステル（1984年）、コワロック Kowalok（1993年）、フォスター Forster（1989年）、バッティ Bhatti ら（1992年）によって発表されている。

地球温暖化

　大気中に放出される排気ガスや一酸化炭素の蓄積は、直接的に大気汚染問題の原因となるだけでなく、地球規模での気象状況に影響を及ぼす。ある国が他国の気候に与える影響を明確に指摘し測定するのは大変むずかしいが、長期的に累積する影響については観察が可能である。クライン Cline（1992年）は、この問題に取り組むには国際的な協力体制を取り入れるしかないと主張している。この国際的な体制には、経済、法律、制度、社会などの要素が考慮に含まれるべきだと彼は提言している。クラインによれば、地球温暖化現象に対する協力的なアプローチに特有なのは、北半球の産業国が南

半球の途上国における排気減少化の技術に投資することである。それにより先進諸国は温暖化問題の対策に貢献している。

要約

　紹介してきたさまざまな自然資源に関する文献には、水紛争の解決にあてはめて考えられる教訓が含まれている。地域レベルでは、越境的な水資源の確保よりも、国内の海や漁場、その他の共有資源（例として、深海底採掘、放牧地、漁場、油田、熱帯雨林、宇宙、酸性雨、大気汚染など）の保護に力を入れている。共有資源を有効に活用している機関を体系的に分析することで、他のケースにも応用できる原則の作成に役立つだろう。

　エネルギー抗争の解決策と水抗争の解決策における類似性についても、考察が行われている。それによれば、必要不可欠な条件や、需給と価格決定、環境破壊に関して、緩やかなアプローチが望まれている。また、帯水層を考える場合（とくに2国間にまたがる地域において）は、地下油田問題との比較は、望ましいもののように思えるであろう。しかし、これら2種類の資源にはさまざまな違いがあることを理解する必要がある。

　その他の教訓としては、先進国・途上国ともに、国内における水に関する条約や法律が、国際間の法律よりもずっと強力で有効だということである。国内と国際間の水抗争の大きな違いはなにかと考察することは、統治権に関する絶対的な概念、実施強制メカニズムの欠落、国際法の執行力の弱さ、仲裁役となる連邦国家の不在、関係諸国の政治体制の相違による対立、社会構造、排他的な姿勢、文化的な価値体系などを含む、社会科学の領域に踏みこんだ推察につながる。

　一見わかりやすく見えて実は奥深いこの関係性は、さらなる研究の必要がある。一方で国家統治権の問題が明らかに障害として存在する反面、国境という垣根を越えて協力しあうことで、各国における河川周辺の地域グループのあいだで共通利益が発生したり、他の地域の構造にも関心を抱くなど、新しい種類の集合体としての意識が生まれる可能性もある。しかし、このような新しい集合体としてのアイデンティティを育てていくうえでの課題もある。それはこの新しい集合体が、既存の国家としてのアイデンティティを脅かすものではなく、むしろそれを補足するものだという理解を浸透

させることである。また一方で、「国内の水管理は、社会・経済・環境など、多分野の目標に対する矛盾や整合性への意識が低い、さまざまなセクターや機関に分散されている」という指摘もされてきた（セラゲルディン、1995年）。それが1国内の現状だとして、さらに関係諸国の数や彼らの異なる状況の分だけ複雑さが増すとすれば、包括的なアプローチどころか技術的なアプローチの可能性すら困難であろう。

連邦国家によって調停された、地方や州での抗争に関するより詳細な報告を読むと、国際抗争解決の原則に適応できるのだろうかという疑問が浮かびあがってくる。しかし、報告の中で述べられている数々の結論からは、紛争管理の方針決定や、小規模な計画をもとに大規模な計画を推論する方法は、国際的に通用するレベルに達していることがわかる。

領土問題の解決方法を学ぶことはたいへん重要である。液体本来の性質により、水流には季節的な状態の変化が起こり、それによって国家間に密接な相互関係が生まれる。そのため、変動のない境界線問題と比べると解決が困難ではある。しかし同時に、河川は国境線としてのもう1つの役割をも果たしている。おそらく国境と水の境界との明らかな性質的な違いのために、この2つに関しての十分な水平比較研究は今までなされなかったのではないかと考えられる。

3 結論と要約

3.1 結論と要約

　この文献検証は、淡水資源をめぐる紛争解決の理論や手法を適用する際の、紛争解決と経済の両分野の直接的な関係を示す目的で、選択され編集されている。これらの文献からは、世界各地で多くの研究や分析が行われてきたことがわかる。しかし膨大な量の文献が存在するにもかかわらず、水やその他の天然資源をめぐって抗争が起きる原因については、依然としてさらなる研究の必要性が残されている。天然資源をめぐるすべての抗争の類似性をより深く理解することにより、将来的な予測または予防の方法が考えだされるであろう。

　1.1（組織論）を要約すると、水流は政治的な境界線に関係なく流れるだけでなく、制度上の類別や一般的な法的概念をも超越して流れる、ということが著されている。水の自然な管理区画である水流域は、量と質、地表水と地下水などすべてに相関性があり、複合的な水の特質上、制度上および法的な許容範囲を最大限に駆使するか、もしくはそれらを越えてしまう場合も多い。国際的な水関連機関を分析した結果、水の量に関する決定において質に関する考慮が圧倒的に不足していること、水権利の配分における具体性の欠如、特定団体間における政治力の不均衡、水資源に関する意志決定の際の自然環境に対する一般的無関心などが浮き彫りになった。世界銀行や国連、新しく設立された世界水協議会は、これらの問題点を取りあげ始めている。

　同様に、法律的な原則にも曖昧さが残る。1997年の条約には、法律的要素と水文学上の複雑性を併合させることのむずかしさが反映されている。この条約の条項には企業責任や協同管理責任などの重要な法規が多く含まれており、また河川特有の上流・下

流をめぐる抗争に関しては、公平な使用と環境保護を義務づけている。しかし、多くの水紛争において主要論点となる水配分のガイドラインについては細かく記されていない。特定地域に関する条約は一般的な法律と比べて想像力と柔軟性に富んでおり、水利用やそれにともなう損害をめぐる論争を回避するために、「権利」よりも「必要性」を優先させる方向に移行してきている。

交渉理論に関する予備的な考察では、「越境的な水域抗争」解決への多大な努力が示されている。紛争解決に関する研究の大部分は制度的・技術的な取り決めに焦点をあてている。紛争解決は、協定が結ばれた後に必要なメカニズムとして理解されている場合が大半であり、協定にいたる過程の手段として理解されることは少ない。

過去の事例を見ると、問題解決における最大の障害の1つは、資源危機状況の緊迫感を伝える情報の不足である。その点を踏まえて、いかに画期的な相互解決策を模索していくかが今後の焦点となるであろう。

経済学は、希少資源をめぐる紛争の説明や、関係者間で実現可能かつ合意のとれそうな取り決めを提示する場合などに、単独で、もしくは他の専門分野とあわせて取りあげられる学問である。最適化モデルは、経済学的見地から効果的に思われる解決策だが、解決に結びつく可能性のある仮説には、かならずそれを立証する作業が必要である。このような立証の必要性を念頭においたうえでも、経済学的原則は、紛争解決のために（必須ではないにしろ）重要な役割を持っているといえるだろう。

経済学用語を使って、関係者を納得させつつも経済的に有益な紛争解決の方法を説明する際は、個人とグループの両方の合理性を満たす必要がある。つまり、各関係者が、解決策のおかげで現状よりもよい状態になる、もしくは一部の地域関係者のための限定的な協定に合意するよりもよい結果をもたらす、という認識を持てるかどうかが重要なポイントになる。また、地域的な協定では、すべての費用と利益が分配されるという条件を満たしている必要がある。

ご承知のように経済学と政治学は、紛争の解決策を検討する際に密接に相互作用する。経済的利益を生むであろう合同プロジェクトが、政治的な見地から却下されることもあれば、地域の繁栄が期待されるプロジェクトに必要な協力をうながすために、政治的な決定プロセスが影響を受けることもある。したがって紛争の解決策を検討する際には、経済学的視野と政治学的視野の両方を考慮に入れるべきである。 ゲーム理論

は数学と社会科学にもとづいており、政策の向上や、市場およびそれ以外の事象を理解するための手段を提供する。ゲーム理論の用語で説明すると、ゲームの結果は、考え得るオプション、プレイヤーの選択、ゲームの規則などによって左右される。国際的な水流域における配分問題を効果的に解決するために、ゲーム理論による問題の分析も役立つであろう。

  例: 国際関係の性質として、各自治体はどんな協定でも容易に破ることができる。よって、どのような解決策も、結果の安定性を重視しなければならない。
  例: 協力の促進には、協力することが正当であると理由づけるだけの動機が必要である。

2つめの例によれば、協同解決策が関係者によって承諾されるには、振り分けられたコストや関係者への利益が、彼ら自身で考え得るいかなる解決策よりも望ましいことが条件である。また実際の国際関係では、すべての費用は平等に負担されるべきである。

時間の経過とともに水の供給量が減少する場合、抗争に発展するか（結果的に）協力体制に移行するかの方向性は、相対的な力関係、おたがいの敵意の度合い、法的な取り決め、政府の体制や安定状況などの政治的な要因によって変化する。

出版されている文献では、条約の研究はまだそれほど進んでおらず、したがって国際条約に含まれる貴重な情報のほとんどが、いまだ紹介されずにある。条約が正しく機能し、諮問・仲裁委員会が公正で平和な関係の維持に役立つサービスを提供できるようになるには、より多くの研究と情報が必要である。成功を収めているいくつかの国の事例を研究することで、さらなる対処を必要としている地域での交渉策のアイデアが生まれるかもしれない。条約改良の必要性を検討する際に、成果をおさめた条約作成にたずさわった人びとが参加し、アドバイスを提供することが望ましい。4.2には、コンピューターにより分類・編集された、水に関する国際条約の記録が掲載されている。

2.2の環境抗争は、水以外の資源をめぐって起きる紛争をより深く理解するのに役立つ。自然資源紛争を総合的に研究するために用いられているのが、「環境の安全保障」である。「環境の安全保障」はいまだ発展途中の概念であるが、その中に早くもある種の共通性が見いだされる。第1に、地域、国家、地球のすべてのレベルにおいて、環境的な変動や悪化が（人為的な現象だろうと自然現象だろうと）人間に及ぼす影響につい

ての研究の重要性を多くの人びとが認識していることが重要である。第2に、自然資源をめぐる抗争の解決策として、伝統的な方法と新しい試みの両方をより多くの人が理解すべきであるという点について、総合的な合意が得られていること。そして第3に、これまでの安全保障の概念の改革を目指すにしても、国家の安全を脅かす要因の1つとして環境を研究するにしても、資源不足問題は将来紛争の引き金になる、という根本的な命題が存在している。

　将来における紛争の予防や解決に役立つパターンを識別するためには、過去に水紛争がどのように解決されてきたのかを、詳細にわたり明確に理解することが大変重要である。14の抗争を調査した結果、一般的な傾向として、次のパターンが浮かびあがってきた。国際河川の周辺諸国は、共有資源をめぐる政治的な複雑化を回避するため、まず自国内の水流に関する一方的な水開発計画を実施しようとする。水需要が供給量に迫るにつれて、大抵は地域的な権力を持つ国が、少なくとも1つ以上の近隣国に影響を及ぼす計画を実施しようとする。紛争解決のための外交や機関が存在しない場合、このような計画が引き金となって紛争に発展しかねない。また、比較分析をした結果、水紛争が起こりそうかどうかの危険信号、交渉の成功を妨げる要因、国家内と国家間の状況の観察比較などが明らかになった。これら14の抗争については、4.1のケーススタディで詳しく説明されている。

　この文献の製作は、国際的な水紛争を多分野にわたり包括的に分析することを目的とする「越境的な淡水域抗争プロジェクト」の援助のもとで行われた。「越境的な淡水域抗争プロジェクト」は、越境的な水紛争に関して質的にも量的にもレベルの高い研究を行い、紛争に発展させないための早期介入を目指して、プロセス的かつ戦略的なモデルを開発するため、努力をつづけている。水抗争の解決策および水条約に関するこの文献調査は、世界銀行調査委員会の助成基金により、一部援助されている。

4 国際水紛争事典

4.1 ケーススタディ

越境的な紛争解決のケーススタディ事例一覧

流域
- ダニューブ川流域（90ページ）
- ユーフラテス川流域（94ページ）
- ヨルダン川流域（ヨルダン川西岸帯水層を含む）（97ページ）
- ガンジス川論争（101ページ）
- インダス川条約（105ページ）
- メコン川委員会（110ページ）
- ナイル川協定（114ページ）
- プラタ川流域（118ページ）
- サルウィン川流域（120ページ）

帯水層システム
- アメリカ合衆国・メキシコ共有帯水層（122ページ）
- ヨルダン川西岸帯水層（ヨルダン川流域に含まれる）（97ページ）

湖
- アラル海（124ページ）
- カナダ・アメリカ合衆国国際共同委員会（128ページ）

技術作業
- レソト高原水計画（131ページ）

表2 ケーススタディ

名称	河川周辺国	国ごとの水使用の割合：%）#	諸国間の関係（最新の合意時期）	*	水域規模（平方キロメートル）●	気候	特徴
ダニューブ川	アルバニア	(1.6)	敵対状態から友好状態へ（1994年ダニューブ川保護条約）	206	810,000	乾燥〜湿潤	1994年の条約で市民参加のプロセスが初めて採用された。
	オーストリア	(6.1)					
	ブルガリア	(7.1)					
	クロアチア	—					
	チェコ共和国	—					
	ドイツ	(43.8)					
	ハンガリー	(35.5)					
	イタリア	(26.6)					
	モルダビア	—					
	ポーランド	(42.9)					
	ルーマニア	(22.0)					
	スロバキア	—					
	スロベニア	—					
	スイス	(9.8)					
	ウクライナ	—					
	ユーゴスラビア	(14.4)					
ユーフラテス川	イラク	(86.3)	停滞状態	46	1,050,000	乾燥〜地中海性	三か国間会談が続行中だが国際合意なし。
	シリア	(102.0)					
	トルコ	(12.1)					

河川	国 (％)		年間平均流水量*	気候	状況
ヨルダン川	イスラエル	(9.6)	1.4	乾燥〜地中海性	停滞状態から友好関係へ（1994年イスラエル・ヨルダン和平条約、1995年イスラエル・パレスチナ暫定協定）	1919年以降、複雑な対立関係と和平交渉の試みを繰り返す。
	ヨルダン	(67.6)				
	レバノン	(20.6)				
	パレスチナ	(100.0)				
	シリア	(102.0)				
ガンジス川―ブラマプトラ川	中国	(19.3)	971	湿潤〜熱帯	敵対状態から友好状態へ（1985年インド・パキスタン協定が1988年に期限切れ、1996年に新条約締結）	模範例またはワークショップ事例となる予定。限定された河川周辺諸国。敵対状態が継続中。
	バングラデシュ	(1.0)				
	ブータン	(0.1)				
	インド	(57.1)				
	ネパール	(14.8)				
インダス川	アフガニスタン	(47.7)	238	乾燥〜湿潤亜熱帯	停滞状態（1960年のインド・パキスタン間のインダス川水条約）	時代遅れの事例となる予定。
	中国	(19.3)				
	インド	(57.1)				
	パキスタン	(53.8)				
メコン川	カンボジア	(0.1)	470	湿潤〜熱帯	停滞状態から友好状態へ（1957年メコン委員会が1995年メコン川委員会として新たに批准）	協定再開の好例。
	中国	(19.3)				
	ラオス	(0.8)				
	ミャンマー	(0.4)				
	タイ	(32.1)				
	ベトナム	(2.8)				

＊年間平均流水量（立方キロメートル／年間）●

表2 ケーススタディ（つづき）

名称	河川周辺国（国ごとの水使用の割合：%）#	諸国間の関係（最新の合意時期）	＊	水域規模（平方キロメートル）●	気候	特徴
ナイル川	ブルンジ共和国 (3.1) エジプト (111.5) エリトリア ― エチオピア (7.5) ケニア (8.1) ルワンダ (2.6) スーダン (37.3) タンザニア (1.3) ウガンダ (0.6) ザイール (0.2)	敵対状態から友好状態へ（1959年のエジプト・スーダンのみを含むナイル水協定）	84	2,960,000	乾燥〜熱帯	複雑なケースとしての模範例またはワークショップ事例となる予定。
プラタ川	アルゼンチン (3.5) ボリビア (0.7) ブラジル (0.5) パラグアイ (0.2) ウルグアイ (0.6)	友好状態（1995年メルコスール共同市場）（南部「ハイドロビア」運河プロジェクトに勢いをつける）	470	2,830,000	熱帯	地域間または国際間紛争の好例。
サルウィン川	中国 (19.3) ミャンマー (0.4) タイ (32.1)	停滞状態から友好状態へ	122	270,000	湿潤〜熱帯	紛争防止の模範例またはワークショップ事例となる予定。

				年間平均流水量*	
アメリカ合衆国・メキシコ帯水層(地下水)	アメリカ合衆国 メキシコ	(22.3) (21.7)	友好状態 (1944年の水協定が1979年に改正)	—	乾燥	最初の協定では地下水は含まれておらず、諸国間関係が不明瞭となる。
ヨルダン川西岸帯水層	イスラエル パレスチナ	(95.6) (100.0)	停滞状態 (1995年暫定協定)	—	乾燥	暫定協定により地下水の配分問題は将来の交渉に延期された。
アラル海	アフガニスタン カザフスタン キルギスタン タジキスタン トルクメニスタン ウズベキスタン	(47.7) — — — — —	停滞状態から友好状態へ (1993年と1995年のアラル海行動計画協定)	1,020 (1) 1,618,000	乾燥〜湿潤大陸	水域の国際化により湖の管理が悪化した例。
五大湖	カナダ アメリカ合衆国	(1.4) (21.7)	友好状態	22,500 (1) 509,200	湿潤大陸	少数の河川周辺諸国により良好な関係が維持されている例。
レソト高原	レソト 南アフリカ	(1.5) (28.4)	友好状態	—	湿潤海洋	水の交換、財政懸念、エネルギー資源の注目に値する組織運用事例。

＊年間平均流水量(立方キロメートル/年間)

\# 資料：クルシュレーシュタ Kulshreshtha(1993年)
● 資料：グレイクら Gleick ed.(1993年)；国連国際河川登録 UN Register of International Rivers(1978年)
(1) 湖に対する「年間流水量」の値は貯水量を表す。

ダニューブ川流域

事例概要

流域	ダニューブ川
交渉時期	1985年から1994年
関係諸国	「ダニューブ協定」では、すべての関係諸国のNGO、ジャーナリスト、自治体など、市民参加によるプロセスが初めて採用された。
対立の発端	なし: 紛争阻止の良い例
課題	
設定目標	ダニューブ川流域の水質保全を目的とした統合的枠組みの提供
その他の課題	
水関連	水に関わる政府機関、NGO、個人間の対話の促進
その他	なし
除外項目	強制的な施行能力
水配分の基準	未決定
モティベーション／リンケージ	
	世界銀行・寄贈者による水質管理への支援
解決策	とくに大きな障害なし
進行状況	1994年に協定調印。実施能力の評価にはさらなる時間が必要

問題

　ダニューブ川ヨーロッパ委員会 (the European Commission of the Danube) の設立は、第2次世界大戦前の「パリ条約」(1856年) にさかのぼる。この委員会は各関係諸国の代表者により構成され、ダニューブ川の管理を責務としていた。当時の最大の懸念は航行規制にあったが、委員会はヨーロッパ諸国におけるダニューブ川の自由な航行システムを確立することに成功した。1980年代なかばになると、ダニューブ川流域において航行以外の問題への関心も高まり、その中でもとくに水質問題の重要性が明らかになってきた。ダニューブ川は4つの首都（ウィーン、ブラチスラバ、ブダペスト、ベルグラード）を含む多数の大都市にまたがっており、川へは何100万という人びと、農家、産業からの廃棄物が流入している。それに加え、30に及ぶおもな支流は「極度に汚染されている」と認識されている。またソビエト連邦の崩壊後、各国の未成熟な経済状態では環境問題に対応しきれず、その結果水質が悪化した。また国境の再編

にともない国家管理問題が国際化する。水質のさらなる悪化をふまえ、1985年にダニューブ川周辺8か国(当時)により「ダニューブ川周辺諸国によるダニューブ川水管理の課題に取り組む協力宣言」(Declaration of the Danube Countries to Cooperate on Questions Concerning the Water Management of the Danube)、通称、ブカレスト宣言が調印された。この宣言は後に1994年の「ダニューブ川保護条約」(Danube River Protection Convention)へと発展する。

背景

ダニューブ川は中欧の中心に位置し、2857kmに及ぶヨーロッパで2番目に長い河川である。この河川は、ハンガリー全土、ルーマニアの大部分、オーストリア、スロベニア、クロアチア、スロバキア、ブルガリアの大部分、ドイツ、チェコ共和国、モルドバ、ウクライナを含む81万7000km²に及ぶ地域に水を供給している。また、ユーゴスラビア連邦共和国——ボズニアヘルツゴビナの領土、イタリアの一部、スイス、アルバニア、ポーランドも流域に含まれている。ダニューブ川はヨーロッパで2番目に大きな湿地帯であるデルタをとおって黒海に注ぐ。この河川は多くの国家間で共有されており、その国家の数は増えつづけている。これらの国家は何10年ものあいだ、緊迫する政治ブロック内で同盟を結んでおり、その中には現在激しい内戦状態で閉鎖されている国も存在する。結果、流域内の紛争は頻繁かつ複雑であり、それらの解決は非常に困難となっている。

紛争管理への試み

第2次世界大戦によって関係諸国間の新しい政治同盟が生まれ、その結果、河川の新管理体制が確立された。1948年にベオグラードで開催された会議において、東ブロックの関係諸国(代表団の多数派)は、各国が流域を独自に管理していくことに合意した。1980年代に持ちあがった水質に関する懸念が1985年のブカレスト宣言へと発展し、その結果、河川は流域全体の環境に左右されると再認識された。結果、河川の水管理に関する共同監視ネットワークの確立を始めとし、関係諸国は地域一帯における地域的・統合的なアプローチを取るようになった。1991年9月にソフィアで開かれた会議では、関係諸国による「ダニューブ川水質保全計画」が熟考されるなど、流域規模の協力関係が強化された。その会議には国家やその問題に関心を持つ国際機関が集まり、ダニューブ川の復興および保護活動を国家レベルで支援・強化するための発議案が作成された。この、通称「ダニューブ川流域における環境プログラム」(the Environmental Program for the Danube River Basin)に関しては、プログラムを促進するための協定が交渉されており、関係諸国はこの作業を調整するための暫定特別委員会の設立に合意した。

成果

　環境プログラムとその調整委員会は「参加」に関する原則を重要視してきた。当初、各関係諸国は流域における活動を調整するため、2人の代表を任命する責任があった。まず、プログラムの進行と国家の政治官僚制度との連絡役を担う「カントリー・コーディネーター」(通常、高等役員が勤める)、2番目に計画の実施レベルの調整を行なう「ナショナル・フォーカル・ポイント」が存在する。

　1992年7月にブルッセルで、コーディネーター、フォーカル・ポイント、援助機関の関係を円滑化させるため、調整グループによりワークショップが開催された。その会議には、11の関係諸国(当時)、15の援助機関・NGOが参加し、各グループからの代表が出席した。ワークショップの重要な成果としては、参加者自身がすべての課題に関する計画案を作成したことにある。例えば、課題の1つはデータの使用可能性と課題の優先順位に対する国内評価に関する合意であった。これらの情報を使って、寄贈者によって出資されたプロジェクト査定チームが流域における投資の優先度を判断する。その結果、ワークショップの参加者は国内評価基準に関する取り決めを交し、その期日に合意した。

　1993年10月にブラチスラバで開催された第3回特別委員会会議では、参加規定について詳しく話しあわれた。その会議で、特別委員会は「コンサルタント・プロセスの強化」を条項に盛りこむことを提案し、ダニューブ川の「戦略行動計画」(Strategic Action Plan) を準備することに合意した。これは国際管理計画の作成において市民参加が義務づけられた初めての事例としてきわめて重要である。この概念は、国内政治が地政学的な「ブラックボックス」として扱われるべきで、領域内の事象に国際合意は関与しない、という原則を否定するものである。その代わりに、さまざまな意見を積極的に取り入れることで、計画に影響を及ぼす者と影響を受ける者両方の賛同を得ることを重要視している。

　原則として、ワークショップに参加した人びとが中心となり、戦略行動計画草案における発言力を持つほか、計画の一部として施行される将来の活動の見直しにも参加する。1994年7月には、2つのコンサルテーション会議が各9か国において開催された。

　1994年6月29日ソフィアにおいて、ダニューブ川周辺諸国とヨーロッパ共同体 (the European Union) は「ダニューブ川の保護と持続可能な利用に関する協力条約」(Convention on Cooperation for the Protection and Sustainable Use of the Danube River) ——別名「ダニューブ川保護条約」に調印した。その条約によれば、ダニューブ川周辺諸国は「水流の状態の変化が短期的・長期的に、各国の環境、経済、福祉の障害または脅威になる可能性を懸念しており」以下の一連の行動計画に合意した。

■貯水地域における地表水と地下水の保護、向上、合理的な使用を含む持続可能かつ公平な水

管理の達成を可能な限り目指すこと。
■基本的な水管理問題に関して協力し、適切と思われるあらゆるな法的、事務的、技術的手段を行使すること。最低限の条件として、ダニューブ川とその貯水地域における現在の環境と水質状態を維持・改善し、現在および将来における悪影響と変化を予防・減少させること。
■持続可能な開発と環境保護を目的とし、ダニューブ川流域一帯における国内・国際レベルでの画期的かつ包括的な手法に従い、優先順位を設定すること。

「ダニューブ条約」は、140年間つづいてきたダニューブ川の伝統的な地域管理を法的に受け継いでいる。この条約は政治文献であり、紛争に発展する可能性の大きい水域に対し、統合的な流域管理および環境保護に関する法的枠組みを提供する。

近年において、ダニューブ川の周辺諸国は統合管理の原則を拡張し、流域規模の水質管理プログラムを立ちあげた。この規模のプログラムとしては最初のもので、もっとも活発な成功例であると考えられている。また、ダニューブ川環境プログラムも、計画段階から流域に居住する市民・NGOの積極的な参加をうながした初の国際機関である。このように計画段階に発生しやすい対立状態を減少させることで、国内ひいては国家間における対立を予防する助けとなるであろう。

ユーフラテス川流域

事例概要

流域	ユーフラテス川
交渉時期	1960年代なかばから現在
関係諸国	イラク、シリア、トルコ
対立の発端	1975年、低水量期に2つのダムに給水した結果、イラクへの流水量が減少した。

課題

　設定目標　　　河川周辺諸国間におけるユーフラテス川とその支流の均等な配分を目的とした交渉

　その他の課題

　　水関連　　　水質懸念
　　　　　　　　シリアからトルコへ流入するオロンテス川
　　その他　　　シリアによるクルド人反政府勢力（PKK）への支援
　　除外項目　　チグリス川とユーフラテス川の接続の可能性

水配分の基準　　未決定

モティベーション／リンケージ

　　　　　　　　財政面：なし
　　　　　　　　政治面：なし

解決策　　　　　なし

進行状況　　　　2国間、3か国間の交渉が進退を繰り返しながら続行中。いまだ合意なし。

問題

　1975年、1国の単独水開発事業がきっかけとなり、ユーフラテス川沿いで戦争が起こりかけた。1960年代、ユーフラテス川周辺のトルコ、シリア、イラクの3か国は、さまざまなレベルの水をめぐる政治的緊張の中で対峙してきた。当時の人口増加が原因となり、とくに南アナトリアのケバン・ダム（Keban dam）（1965年－1973年）とシリアでのタブカ・ダム（Tabqa dam）（1968年－1973年）において、一方的な開発が施行される結果となった。

背景

1960年代なかば以降、時にソビエト連邦による介入も加わり、2国間または3か国間での会議が3つの河川周辺国間で開かれてきたが、正式な合意に到達せず、1973年後なかばケバン・ダムとタブカ・ダムへの給水が行われた。その結果、下流への流水量が減少した。1974年なかば、シリアはイラクがタブカ・ダムからの流水量を年間200MCM*まで増やすことへ同意した。しかし翌年、イラクは河川の流水量が通常値の920㎥／秒から規定値を下回る197㎥／秒に減少したと抗議し、アラブ同盟（Arab League）に介入を要請した。それに対しシリアは、通常値の半分にも満たない流水量しかシリア国境に流入していないと主張した。双方の敵対的な声明がかわされた後、紛争仲裁を目的としアラブ同盟の技術委員会が結成された。1975年5月、シリアはイラク機の領域内における飛行を禁止し、シリアとイラクは互いの国境に軍隊を配置したと報道された。この高まる緊張状態はサウジアラビアの仲介により緩和され、6月3日、両国は紛争回避のための合意に到達した。合意内容は公開されなかったが、イラクの民間情報筋によれば、合意の結果、シリアは領土内におけるユーフラテス川の流水量の40％を所有し、残り60％をイラクに譲ることとなったという。

＊ MCM＝100万㎥

紛争管理の試み

「東南アナトリア開発計画」（トルコ語の頭文字をとりGAPと呼ばれる）によってユーフラテス川の配分問題を早期解決する必要性が表面化した。GAPはエネルギーと農業開発に関する大規模計画であり、完成すればチグリス川とユーフラテス川に21のダムと19の水力発電所が建設される。165万ヘクタールの土地が灌漑され、7500MWの蓄積能力とともに年間260億kW時が発電される。計画どおり完成した場合、下流では水量・水質ともに大幅に低下する可能性がある。

1980年にトルコとイラクのあいだで共同経済委員会の議定書が作成され、水資源に関する合同技術委員会の会議が実現した。シリアは1983年からこの会議に参加したが、会議の実情は満足のいくものではなく、最良の場合でも会議の中断という結果に終わった。

1987年、トルコ首相のトゥガットオザル氏はダマスカスを訪問し、トルコがシリアへ最低500㎥／秒の流水量を保証する協定に調印したと報道されている。コラートズKolarsとミチェルMitchell（1991年）によると、合計年間16BCM*という流水量はシリアの以前の要求と一致するという。しかし、ナフNaffとマトソンMatson（1984年）によれば、1967年にイラクも同一の流水量を要求しており、将来的な水をめぐる争いが予想された。1986年11月にトルコ、シリア、イラクの閣僚による3か国会議が開催されたが、成果はほとんど見られなかった。

トルコが、GAPダムの中で最大規模を誇るアタテュルク・ダムの貯水湖への水門を閉鎖し、またユーフラテス川の流水を30日間せき止めたことをきっかけに、1990年1月に3か国間の対話が再開された。この会議でイラクは、シリア・イラクの国境において500㎥／秒の流水量が保証されるよう再度要求した。トルコの代表は「これは政治的な問題ではなく技術的なものである」と返答し、会議は延期された。同月の後半に湾岸戦争が勃発しその後の交渉が妨げられる結果となった。

　＊ BCM＝10億㎥（Billion Cubic Meters）

成果

　戦後初の会議で、トルコ、シリア、イラクの水問題を担当する閣僚が1992年9月にダマスカスに集まった。しかし、トルコがイラク・トルコの国境における流水量を500㎥／秒から700㎥／秒へ増量することに応じなかったため、交渉は決裂する結果となった。1993年1月に行われた2国間会議において、トルコのデミレル首相とシリアのアサド大統領は両国の関係を改善するためさまざまな問題について話しあった。水関連の問題に関しては、両国は1993年末までに配分問題を解決することで合意した。その後合意に到達しないまま現在に至るが、デミレル首相はサミット閉会の記者会見で次のように語っている。「シリアは水問題に関してなにも心配する必要はない。なぜなら合意の有無に関わらずユーフラテス川の水はシリアに流れているのだから。」（グルエンGruenより、1993年）と発言した。この問題はいまだ未解決のままである。

ヨルダン川流域

事例概要

流域	ヨルダン川および支流（直接的）、リタニ川（間接的）
交渉時期	1953年から1955年。1980年代から現在
関係諸国	アメリカ合衆国（初期の後援国）：アメリカとロシア（多国間交渉の後援） 河川周辺諸国：イスラエル、ヨルダン、レバノン、パレスチナ、シリア
対立の発端	1951年と1953年、シリア・イスラエル間の非軍事地域における水開発をめぐる交戦。1964年から1966年、河川の分流化

課題
- 設定目標　　　河川周辺諸国間におけるヨルダン川とその支流の均等な配分を目的とした交渉。合理的な総合流域開発計画の作成
- その他の課題
  - 水関連　　流域外への水運搬
    - 国際管理のレベル（ウォーター・マスター）
    - 貯水施設の場所と管理
    - 考慮対象としてリタニ川を含めるか否か
  - その他　　敵対国を政治的に認識すること
  - 除外項目　地下水
    - 政治的存在としてのパレスチナ（初期）

水配分の基準　　各国の流域における灌漑可能な土地面積（ジョンストン交渉）、近年の和平交渉で作成された「需要にもとづく」基準

モティベーション／リンケージ
　　　　　　　　経済面：アメリカとその他の寄贈国が地域における水関連計画の費用を共同負担することに合意
　　　　　　　　政治面：2国間交渉と連動して、多国間の話しあいが可能なこと

解決策　　　　　ヨルダンの水需要に関するハルザ研究（ジョンストン交渉）
　　　　　　　　2国間交渉における水権利に関する協議
　　　　　　　　すべての関係諸国が認証するパレスチナ水資源局の設立

進行状況　　　　「イスラエル・ヨルダン和平条約」（1994年）、「イスラエル・パレスチナ暫定協定」（1993年、1995年）にはそれぞれ水に関する主要事項が含まれている。

問題

　ヨルダン川は敵対する周辺諸国5か国のあいだを流れており、そのうちの2か国は主要な水源としてヨルダン川からの供給に依存している。1950年代初期のヨルダン川では、周辺諸国に影響を与えずに開発することは困難であった。アメリカ特別大使エリック・ジョンストンに由来して名づけられたジョンストン交渉は、1950年代なかばに、すべての河川周辺国間での水の権利争いを仲裁しようと試みたものである。以前はアラブ世界の有力国であったエジプトも交渉に参加した。最初の課題は、ヨルダン川流域の年間流水量をイスラエル、ヨルダン、レバノン、シリアといった周辺諸国間で均等に配分することであった。この地域における水問題は、土地、難民、政治的主権と並んで、今日または将来においても論争を引き起こす可能性を多分に秘めていた。1991年に開始されたアラブ・イスラエル和平交渉以前は、政治問題はつねに資源問題とは別に話しあわれてきた。しかし政治的な重要度によって問題を「高度」と「低度」にわけることが、失敗の要因であると一部の専門家は指摘している。実際、1950年代なかばのジョンストン交渉および1960年代後半の核汚染水の浄水化をとおした「水による平和」の試み、1970年代と1980年代に行われたヤルムク川をめぐる交渉、1991年の「地球水サミットイニシアチブ」(Global Water Summit Initiative) では、全体的な政治議論と水問題をわけて扱ったが、それぞれ失敗に終わっている。結果として、水資源問題解決に向けた具体的な進展は、アラブ・イスラエル和平交渉まで待たねばならなかった。

背景

　1951年、いくつかの国がヨルダン川流域に関する単独計画を発表した。アラブ連邦はハスバニとバニアスというヨルダン北部に位置する2つの水源の開発に関する議論を始めた。イスラエルは「オールイスラエル計画」を公開。この計画にはヒューレ湖や沼の排水、北部ヨルダン川の分流化のほか、初の流域外への運搬として期待されていた沿岸平野やネゲブ砂漠への運送設備の建設が含まれていた。

　1953年7月には、ガリラヤ海北部のイスラエル・シリア間の非軍事地帯、ヤコブ・ドーターズ橋にイスラエルが国家水運搬施設（National Water Carrier）の取入口の建設を始めた。それに対し、シリアは国境沿いに軍隊を配置し、建設地や技術施設にミサイルを発射した。また、シリアは国連に対しても抗議し、その結果1954年の決議で許可されていたイスラエルの建設再開はソビエト連邦によって禁止された。結局、イスラエルはガリラヤ海北西岸のエシェド・キンロット（Eshed Kinrot）に取入口を移した（現在も同様）。このような緊迫状態を背景に、アイゼンハウアー大統領は、ヨルダン川流域の配分に関する包括的解決のための仲裁と地域開発計画の作成を目的として、1953年10月に特別大使エリック・ジョンストンを派遣した。

紛争管理への試み

　ジョンストンは1955年の終わりまで、各関係諸国が合意できる統合計画の作成に取り組み、アメリカ、アラブ、イスラエルの提案の調停に努めた。交渉は開発費用の3分の2をアメリカが負担するというアメリカの提案によって支持を得た。彼は計画においてアラブとイスラエル双方の反対意見を聞き入れ、いかなる妥協も許さなかった。しかし彼が地下水問題を軽視したことは後に重大な見落しとされた。各国はこれらの交渉において直接対話を交していなかったが、地域的な取り組みが必要であるという見解に合意した。イスラエルはリタニ川の統合を断念し、アラブ連邦は流域外への水運送の許可に合意した。アラブは、マカリン・ダム（未建設）とガリラヤ海の貯水に当初反対していたが、一方が他方の貯水分を管理しないという条件で合意した。イスラエルもまた、軍の撤退と建設に対する国際社会からの監督に当初反対していたが、最終的には合意した。後に「ジョンストン計画」と呼ばれる統合計画の一部として、水配分に関しても叙述された。協定は裁可されなかったが、双方は国単位の単独計画を進めながらも、全体としては専門的な取り決めや配分に忠実に従った。「ジョンストン計画」の配分が守られるという条件のもと、アメリカが今後の水資源開発計画の資金提供を約束し、合意はさらに強固なものとなった。それ以来、現在でもイスラエルとヨルダンの水問題の担当者は、年に数回、とくに夏の重要な時期には2週間ごとに「ピクニックテーブル会議」（Picnic Table Talks）と呼ばれる会議をヨルダン川とヤルムク川の合流地点において開き、流水率や配分について話しあっている。

成果

　1991年までにいくつかの出来事が重なって起こり、中東における「水をめぐる紛争」は「水に関する協力体制」へと転換していった。1990年の湾岸戦争とソビエト連邦の崩壊により、中東の政治的同盟関係が再編成された。1991年10月30日マドリードにて行われた初の公式和平会議で、ついにアラブとイスラエルの顔あわせが実現した。イスラエルと各周辺国との2国間交渉において、水資源を含む地域的な課題5項目について、多国間交渉を別枠で設けることが合意された。

　1992年1月モスクワで多国間交渉が始まって以来、アメリカを仲裁役とする「水資源ワーキンググループ」（Working Group on Water Resources）は、2国間協議の参加国（レバノンとシリア以外）から提案された水供給、需要、施設などの課題について話しあう場となった。現在行われている2国間および多国間の2つの交渉手段は、政治問題と地域開発問題のギャップを埋めるほか、両方の交渉成果が互いに貢献しあい、「中東における公正かつ持続的な和平」に向けて建設的なフィードバックの輪がつくられるように考案されている。多国間協議は地域の未

来についての比較的自由な対話の場を提供すると同時に、参加者同士が個人的に打ち解け、信頼関係を築いていくことを狙いとしている。このような情況下での水資源ワーキンググループの役割は、水の権利や配分などの政治的難問や特定のプロジェクトの開発よりも、情報収集やワークショップを優先的に行うことだった。また、決定は満場一致によってのみくだされた。

　各会議ごとの成果は不安定ではあったが、全般的には向上していた。1992年の3回目の会議では、地域の水共有に関する協定や水資源をめぐる政治協定は多国間協議では取り扱われないことになった。むしろ、多国間協議の役割は政治以外の共通懸念について話しあうことであり、2国間協議が強化される結果となった。水資源ワーキンググループの目標は、地域の平和な未来を計画することであり、実施ペースは2国間協議に任せることとなった。このように、交渉形態を「計画」と「実施」の2つに区別することで、これらそれぞれのプロセスが効率化され、さらにこの2つのプロセスのあいだを仲介者が継続的かつ積極的に橋渡しすることで、最善の成果が生まれてくるのである。

　多国間協議により、2国間交渉で形成される協定の土台がつくられた。1994年の「イスラエル・ヨルダン和平協定」、「イスラエル・パレスチナ暫定協定」（1993年、1995年）などがその例である。「イスラエル・ヨルダン和平協定」により、これらの国が誕生して以来初めて、水の配分が双方合意のうえで法的に明記された。協定にはヤルムク川とヨルダン川やアラヴァ・アラバ地下水の配分が明記され、「境界線における水問題は、総合的に扱われなければならない」という認識のもと、水質汚染防止に共同で取り組むことが提唱されている。また、「水資源は需要を満たすほど十分にはない（ことを認識して）」協定では水不足を緩和するための地域間および国際間での共同計画を提案している。暫定協定でもイスラエルとパレスチナ双方の水の権利が認識されているが、具体的な水量の決定については両国の最終協議が行われるまで延期されている。

ガンジス川論争

事例概要

流域	ガンジス川
交渉時期	1960年から現在
関係諸国	1971年以前: インド、パキスタン
	1971年以降: インド、バングラデシュ
対立の発端	インドは下流のバングラデシュとの長期的合意なしに、ガンジス川分流のファラッカにダムを建設・運営している。

課題
 設定目標 ガンジス川とその支流を、河川周辺諸国間で均等に配分するための交渉
       ガンジス川の水量補充を含めた、合理的な統合流域開発計画の作成
 その他の課題
  水関連 ガンジス川の水量補充に必要な水源の確保
      意思決定に必要な情報の量
      インド上流域の水開発
      洪水災害の緩和
      沿岸生態系の管理
  その他 交渉に必要な外交能力レベル
  除外項目 その他の河川周辺諸国（とくにネパール）は最近まで除外されていた。
水配分の基準 乾期の流水率
モティベーション／リンケージ
      経済面: なし
      政治面: なし
解決策   小規模な合意はあるが、長期的な解決はいまだない。
進行状況 1977年、1982年、1985年に短期的合意に達し、1996年に条約調印をした。

問題

 ガンジス川をめぐる問題は、川の上流と下流での利害対立の典型的な例である。上流に位置するインドは、自国のための灌漑用迂回路の航行性、水供給に関する開発計画を進めた。それに対して、最初はパキスタン、後にバングラデシュもが、下流の水利用をめぐり川の本来の流れ

を保護しようとした。このような上流における開発と下流での長年にわたる水利用には、対立の要素が含まれており、また同時に紛争管理への新たな試みとして発展しうる。

背景

ガンジス川の源流とその支流はおもに、降雪・降雨量が非常に多いネパールとインドに流れている。年間降水量が少ない時でも下流に行くにしたがって流水量は増加し、バングラデシュ（1971年以前はパキスタン連邦の東部地方であった）とベンガル湾に注がれている。

1951年10月29日、パキスタンはインドによるファラッカ（国境から17km）のダム建設の報告に対して問題を提起した。このダムにより乾期のガンジス川の平均流水量5万キューセック*のうち、4万キューセックがバハギラティ-フーグリー川支流に分流され、それによって沈泥のない水流がカルカッタ湾に注がれることで乾期の都市航行が改善される。また、都市の貯水への塩水流入が防がれる。1952年3月8日インド政府は、計画は初期調査段階であり、パキスタンによる懸念は「仮説的」なものにすぎない、と回答した。

その後数年間にわたり、パキスタンはインドによる「ガンジス川分流化計画」の報告に対し問題提起しつづけたが、インドからの返答はほとんどなかった。1957年と1958年、パキスタンは東部河川流域における共同開発計画のため国連に援助を要請した。「両国の水資源の専門家は共通利害の発生する計画に関して情報を交換するべきである」という合意があるにもかかわらず、インドはこれらの提案を拒否した。この専門家レベルの会議は1960年6月28日に開始された。

*すべての交渉はイギリスで使用されていた単位で行なわれたため、本書でもそのとおり記載した。1キューセック＝1立方フィート／秒＝0.0283㎥／秒。

紛争管理への試み

インド・パキスタン間の初めての専門家レベル会議は1960年6月28日から7月3日までニューデリーにて開催された。その後、1962年までにさらに3つの会議が開かれた。交渉が途中の段階であったにもかかわらず、1961年1月30日にインドはファラッカ・ダムの建設開始をパキスタンに勧告した。パキスタンのたび重なる閣僚レベル会議開催の試みは、「すべての情報がそろうまではこのような会議は無意味である」というインドの主張によって断念させられた。1963年、閣僚レベルの会議開催に必要となる情報を検証するため、両者はふたたび専門家レベル会議を開いた。

5回目の専門家レベルの会議は、時をおいて1968年5月13日に開かれた。この会議の後パキスタンは、必要な情報に関する合意およびその結論をだすことは不可能だが、閣僚レベルで実

質的な話を進めるには十分な情報がそろっていると主張した。インドは、閣僚レベル会議の前段階の長官レベル会議を行うことにのみ合意した。

長官レベルの会議は1968年12月9日に開始され、1970年7月までに計5回、それぞれの首都において交互に開催された。これらの会議をとおして、両国の戦略が明らかになった。下流域国であるパキスタンは問題への危機感が強く、彼らの目標は「ガンジス川の均等配分に関する2国間の枠組みを検討すること」であった。これに対してインドは、時間かせぎのための戦略か、情報の正確性と適切性に関する懸念を表明し、「完全かつ正確な情報がそろうまでは統括的な合意は不可能である」と主張した。

これらの会議の実質的な成果は少なく、1970年、インドはファラッカ・ダムの建設を完成させた。しかし、当初バハギラティ-フーグリーシステムへの支流運河が完成していなかったため、水の分流はされていなかった。

1971年バングラデシュ国家が誕生し、1972年3月にはインド政府とバングラデシュ政府は「2国間で共有される河川の協力的開発」を目的としたインド・バングラデシュ合同河川委員会の設立に合意した。しかしガンジス川についての問題は除外されており、両国の大統領によってのみ処理されることになっていた。

1975年4月16日から18日にかけてダッカで行われた閣僚レベル会議において、インドは議論の最中に、水流の少ない時期のファラッカの支流運河における使用許可を要求した。両国のダムの限定試運転に関する同意と、残りの水はバングラデシュに注がれるという約束のもと、1975年4月21日から5月31日のあいだ、10日間ごとに1万1000から1万6000キューセックの水が分流された。インドはバングラデシュとの交渉や新たな合意なしに試運転後も、1975年から1976年の乾期に許容最大である（許容量として最大の迂回量である）4万キューセックものガンジス川の流水をファラッカにて分流しつづけた。この分流化によりバングラデシュは深刻な影響を受け、支流の乾燥化や沿岸の塩水化、さらには農業、漁業、航行、工業が停滞した。

1975年6月から1976年6月にかけて、2国間でさらに4回の会議が開かれたが、成果はほとんど見られなかった。1976年1月、バングラデシュは国連総会において正式にインドへの抗議を申し立てた。その結果、1976年11月26日、「公正かつ迅速な合意」を目的として、2国間での閣僚レベル会議を至急開くための共同声明文が国連により採択された。国際的な総意に刺激され、1976年12月16日に交渉が勧告された。翌1977年4月18日の会議にて、基本的な問題についての理解が得られ、1977年11月5日に「ガンジス川水協定」が調印された。

成果

「ガンジス川水協定」では原則として以下のことが定められている。

1. ファラッカにおいてガンジス川の水を分けあうこと。
2. 乾期におけるガンジス川の増水について、長期的な解決策を編みだすこと。

　協定の有効期間は5年間とし、その後は双方の合意にもとづき延長される。合同河川委員会に与えられた役割は、上述の主旨にそって両国が新たに計画した流域における課題の長期的な解決策とその実行可能性を調査することであった。しかし協定の有効期間である5年間が終わるころになっても、解決策は見いだされなかった。

　1977年の協定以来数年で、2国間および近年ではネパールを含む3か国によるさまざまな合意形成に成功した。

■ 1982年10月に共同広報誌が発行され、両国は1977年協定を延長せず、そのかわり18か月間で解決策に向けた新たな試みを始めることに合意した。しかし、この試みは達成されないまま終わった。

■ 1985年11月22日、インド・バングラデシュ合意書が調印され、1988年までの乾期におけるガンジス川の水共有と、開発問題の解決を補助するための専門家共同委員会の設置が決定した。インドの提言はガンジス川とブラマプトラ川を合流させることに集中し、一方バングラデシュはネパール国内におけるガンジス川源流の複数のダムに焦点をあてた。

■ 専門家共同委員会と合同河川委員会は1986年まで定期的に会議を重ね、ネパールに協力を持ちかけたが、結論のでないまま終わった。

■ バングラデシュとインドの両大統領はガンジス川とその他河川の水共有問題について1992年5月にニューデリーで話しあった。双方は、ガンジス川(とくに乾期の低水流時)に関する長期的合意に向け新たな試みを開始するよう閣僚に命じた。この会議の後、閣僚レベル会議と長官レベル会議が1度ずつ開かれたが、進展はほとんど報告されていない。

　1996年12月、1985年の協定をもとにして、異なる状況での水流制度を細かく定めた新たな協定が2国間で結ばれた。この協定により地域の緊張状態の緩和が期待されたが、非常事態や上流の利用法の課題に関する詳細は記されていなかった。協定に参加していないネパール、中国、ブータン、その他の河川周辺諸国は独自の開発計画を実施しており、それらがこの協定に影響を与える可能性も秘めていた。

　1997年4月、協定調印後初めて迎える乾期に、インド・バングラデシュ間で国境の水流をめぐる最初の対立が発生した。ファラッカ・ダムを通過後の水量が協定で定められた最低値を下回り、これを受けてバングラデシュは流域の状態の見直しを要求したのである。

インダス川条約

事例概要

流域	インダス川およびその支流
交渉時期	1951年から1960年
関係諸国	インド、パキスタン
対立の発端	水の共有問題に関する合意がなされないまま、1948年4月にインドがパキスタンへの支流を差し止めた。

課題

設定目標　河川周辺諸国間によるインダス川およびその支流を均等に配分するための交渉
合理的な統合流域開発計画の作成

その他の課題

　水関連　開発計画のための資金対策
貯水施設を「代替」または「開発」のどちらとして扱うのか。(どちらの国が経済的負担を請け負うのか、という問題に関連する)

　その他　全般的なインド・パキスタン関係

　除外項目　地域管理に関する将来的可能性
排水設備をめぐる問題

水配分の基準　パキスタンに対する歴史的かつ計画的な利用
西部河川と東部河川をめぐる地理的な配分

モティベーション／リンケージ

　経済面: 世界銀行が国際基金協定を調印
　政治面: なし

解決策　1953年の膠着状態後、世銀が独自の提案を提出。国際基金が最終合意として持ちあがっている。

進行状況　現行の紛争解決についての条項が加えられ、1960年に批准された。一部には最近の会議の物足りなさを指摘する声もある。支流を物理的に分離させることは、統合的な流域管理の妨げになる可能性がある。

問題

インドとパキスタンが独立する以前、イギリス植民地インド領の時代にもインダス川の問題は浮かびあがっていた。その問題は独立後国際化したが、当事者同士の敵対心は強まるばかりであり、法的権威の不在が事態を一層悪化させていた。何世紀にもわたりインダス川の水を利用してきたパキスタンであったが、他国の、それも地理政治学的な関係が悪化しつつある国にその水源が存在するという事実に新たに直面した。

背景

インダス川灌漑の歴史は何世紀も前にさかのぼる。1940年代後半には、インダス川の灌漑事業は世界最大規模となっていた。灌漑事業は幾年にもわたってイギリス領インドという1つの政権下のもとで進められ、あらゆる水に関する対立は行政により処理されてきた。しかし、1935年インド政府法令により水問題の管轄は州へと移行され、それにより大規模事業を展開してきた州（とくにパンジャブ州とシンド州とのあいだ）で紛争が勃発した。

1942年、「パンジャブ開発計画」に対するシンド州の懸念事項の調査を目的とし、イギリス政府により司法委員会が任命された。委員会はシンド州の懸念事項を認め、流域全体としての統合的管理を施行するよう命じた。委員会の報告書は両州にとって受け入れがたいものであった。1943年から1945年までのあいだ、双方の技術責任者は非公式会談をつづけ、双方の相違点の調和に努めた。条約の草案は作成されたものの両州ともそれを受け入れず、1947年、紛争は最終決断を仰ぐためロンドンに持ちこまれた。

しかし、1947年8月15日のインド独立法により新しい国家となったインドとパキスタンは、最終決断を待たずして国際紛争へと突入した。川の分割化は73日間のうちに施行される予定であったが、インダス川流域を分割することの包括的な意味は十分に考慮されていないようであった。しかし、境界線決定の責任者であったシリル・ラドクリフ卿Sir Cyril Radcliffeは、「灌漑システムに関するなんらかの合同統治および管理がなされることが望ましい」と表明した。（メータMehta、1988年: 4）政治的緊張、人口移動、未解決の領土問題などのさまざまな問題が、水紛争をめぐる敵意を助長する原因となった。

1947年秋、モンスーンにより増加した水流が減少するころ、パキスタンとインドの技術責任者は会議において「停戦協定」を交わし、川の2か所における水配分を1948年3月まで凍結し、インドの上流における頭首工からの流水がパキスタンに注がれることを容認した。

「停戦協定」の期限が満了した1948年4月1日、インドは新たな合意を待たずに、ディアパルプー運河とバリダーブ運河上流への水の供給を停止した。1948年5月3日と4日にデリーで行われた領土間会議にて、インドはパキスタンへの水供給の復帰には合意したが、パキスタンが

水域を共有する権利は拒否している。(カポネラCaponera、1987年: 511) インドは、「『パキスタンが停戦協定』において水料金の支払いに合意しており、インドの水所有権を認識しているはずである」と主張し、パキスタンの立場を明言した。これに対し、パキスタンは「自国には歴史的権利があり、インドへの支払いは維持・運営費にすぎない」と主張した (ビスワスBiswas、1992年: 204)。

これらの意見対立が解決されないまま、両国は新しい協定 (後に「デリー協定」と呼ばれる) に調印した。協定の中で、パキスタンが代替水源を確保するまでインドは水供給を停止しないことを保証した。パキスタンは1949年6月16日づけの記録の中でこの協定に対する不満を表明しており、「すべての共有水に関する均等な配分」を要求し、本件を世界裁判に持ちこむことを提言した。これに対してインドは、「第三者を介入させる前に、双方の司法委員会が互いの相違点を調和させるべく努力すべきだ」と述べた。この膠着状態は1950年までつづいた。

紛争管理への試み

1951年に、テネシー峡谷開発公社 (TVA) の統合河川管理に関心を持ったインドのネール首相は、前テネシー峡谷開発公社議長であるデイビッド・リリエンタールDavid Lilienthal氏をインドに招待した。リリエンタール氏はパキスタンも訪問し、アメリカに帰国する際、訪問の印象と提言を記事にまとめた (旅はCollier誌から依頼されていたもので、国際水問題は当初の訪問目的ではなかった)。リリエンタール氏の友人である世界銀行の総裁、デイビッド・ブラックDavid Black氏がその記事を読み、紛争解決の手助けをしようとリリエンタール氏に連絡を取った。結果、ブラック氏はパキスタンとインドの各首相に連絡し、世銀の仲裁を受け入れるよう両者に勧めた。それにつづく手紙で、ブラック氏は紛争解決への基本原則の概要をまとめた。以下がその原則である。

■インダス川流域の水資源は協力的に管理されるべきである。
■流域の問題は過去の交渉や要求とは関係なしに、機能的に解決されるべきで、政治利害の中で達成されるべきではない。

ブラック氏はインドとパキスタンからそれぞれ上級技術者を任命し、「インダス川流域開発計画」に従事させることを提案した。世界銀行の技術者は相談役として常駐した。

両国ともブラック氏の提案を受け入れた。「作業グループ」の第1回会議にはインドとパキスタンの技師も含め、ブラック氏が想定していたとおり世銀からのチームも参加した。そして、1952年5月にワシントンで最初の顔あわせが行われた。

その後の1952年11月のカラチと1953年1月のデリーにおける会議では、流域の合同開発計画に対して双方とも合意することができなかったため、世銀はそれぞれ独自の計画を提出する

よう要求した。両国からの計画は1953年10月6日に提出された。それぞれ灌漑に必要な供給物資に関してはほぼ合意していたものの、供給品の配分に関してきわめて異なる見解を示した。

世銀は、この手詰まり状態が今後もつづくだけでなく、両国の利益のための統合流域開発という理想目標は、現時点での政治状況では困難であろうと結論づけた。1954年2月5日、世銀は統合開発という戦略を放棄し、単独開発に関する世銀独自の案を提出した。その提案は、東部河川のすべての流水量をインドに、そしてジェルム川からの少量をのぞく西部河川すべての流水量をパキスタンへ配分することを求めるものであった。この提案によって、パキスタンによる流域の分割のための連結運河が完成されるまでのあいだ、両者はそのあいだの移行期間に合意することになった。そのあいだ、インドはパキスタンによる東部河川の流水の使用を引きつづき許可した。

世銀からの提案は同時期に両国に提出された。1954年3月25日、インドはこの提案を協定の土台として受け入れた。パキスタンはさらなる慎重さでこの提案を検討し、1954年7月28日、条件つきではあったが提案を受け入れた。パキスタンは、東部河川から現在供給されている流水量と比べて西部河川からの流水量は不十分であり、利用できる貯水能力が制限されていることにとくに懸念を抱いていた。合意をより潤滑に進めるため、世銀は覚書を発行し、西部河川におけるより多くの貯水を要求するとともに、インドに対し「代替施設」の財政支援を求めた。「代替施設」とはパキスタンにおける貯水設備の増築や連結運河の拡大を示し、これらは運河の分割化への準備費用として換算されうるものであった。

1959年、世銀は主要問題の解決策を検討するうえで以下の要素を考慮に入れた。それは、どのような作業を「代替」または「開発」と区別するかということである。いいかえれば、インドがどのような作業を経済的に保証するのかということである。さまざまな質問を避けるため、ブラック氏は5月のインドとパキスタンへの訪問において、まったく新しい手法を提案した。それは、個々の作業に関しての議論をするのではなく、インドの具体的な補償額を算出することであった。こうすることにより世界銀行が国際社会に訴え、流域開発のための残りの費用の資金調達を補助してくれる可能性があった。実際、インドのビアス・ダム建設に関して援助の申し出があり、パキスタンが提案している両方のダム計画に関しても援助が検討されていた。これらの条件のもとで、双方は決められた支払い額と、10年間を移行期間としてパキスタンの水流利用をインドが容認することに合意した。

1959年8月、ブラック氏はインダス川流域開発を支援するための寄贈者組合を結成し、インドの負担額である1億7400万ドルのほかに9億ドル近い資金を集めた。1960年9月19日、「インダス川水協定」がカラチにて調印され、1961年1月デリーで両政府の批准が行われた。

成果

「インダス川水協定」は双方の技術的・経済的な懸念事項に対応しており、移行に関するスケジュールも含まれている。協定のおもな項目には以下の事柄が含まれる。

■パキスタンが西部河川を無制限に利用し、それに関してインドは多少の例外をのぞき、水流を妨げないという合意。

■パキスタンに3つのダム、8つの連結運河、3つの堰、2500の管井戸を建設する計画。

■1960年4月1日から1970年3月31日までの10年間の移行期間のあいだ、詳細スケジュールに沿ってパキスタンへ水が供給されつづけること。

■インドが出資するよう定められた6200万ドルを、移行期間のあいだに10回に分割して支払うスケジュール。

■情報交換と将来的な協力に関する条項の追加。

協定はまた、各国のインダス川水委員から1名ずつで構成される常設インダス川委員会も設置している。2人の水委員は、毎年以下の目的で会議を設けている。

■協定実施のために協力体制を築き、促進する。

■インダス川流域の水開発に関わるグループ間の協力関係を促進する。

■協定の解釈や実施に関して、各グループからあがる議論や質問を検討、解決する。

■両国政府に対し、年間報告を提出する。

抗争が起きた際は、「中立的専門家」を起用するよう定められている。もし中立的専門家が問題解決できない場合は、各国から交渉者を指名し、双方の合意を得た1人または複数の調停者とともに話しあいの場を設ける。一方（および調停者）により調停合意が成立しえないと判断された場合、調停裁判所への召集がかけられるよう定められている。また、支流において技術的工事を行う場合は、相手方にその計画を通知し要求されるすべての情報を共有するよう協定で定められている。

1960年以来、「将来へ向けた協力」条項のもとに提出されたプロジェクトはなく、水質に関する課題もまったく提出されていない。その他の争いは起きているが、さまざまな方法で対処されている。最初の課題は、インドが1965年から1966年のあいだに水供給をしなかったことであったが、むしろこれは実施要領と委員会決議の合法性の問題とされた。交渉者は、それぞれの委員が政府代表として活動しており、彼らの決定には合法性があると主張し、この問題を解決した。

サラル・ダムの設計と建設をめぐる論争は、両国政府の2国間交渉によって解決した。その他、水力発電プロジェクトやジェルム川支流におけるウーラー堰などをめぐる対立はいまだ解決されていない。

メコン川委員会

事例概要

流域	メコン川
交渉時期	1957年、委員会設立
関係諸国	直接関係国: カンボジア、ラオス、タイ、ベトナム
	間接関係国: 中国、ミャンマー
対立の発端	なし。国連アジア極東経済委員会（UN-ECAFE）（1952年、1957年）とアメリカ土地改良局による調査が、メコン川委員会の設立を促進した。

課題
- 設定目標　　メコン川下流域における水資源開発計画の作成と調査を奨励、調整、監督、規制すること
- その他の課題
  - 水関連　　なし
  - その他　　河川周辺諸国の全般的な外交関係
  - 除外項目　中国とミャンマーは結成当初は委員会に参加していなかった。カンボジアは1978年から1991年のあいだ参加しなかった。

水配分の基準　　配分はとくに問題視されていない。「適切で平等な利用」が、1975年以来定義として使用されている。

モティベーション／リンケージ
　　財政面: 広範囲にわたる国際社会からの資金援助
　　政治面: 河川周辺諸国間の外交の促進。政治的な緊張状態においても、東西諸国、両方からの援助が可能である。

解決策　　1950年代の国連アジア極東経済委員会（UN-ECAFE）（1952年、1957年）とアメリカ土地改良局による調査

進行状況　　メコン川委員会は1957年に結成され、1978年、当初の関係諸国からカンボジアが抜け、暫定委員会と改名される。その結果、結成当初の勢いは減退した。広範囲にわたるデータネットワークとデータベースが構築されたが、実施された計画は少なく、メコン川本流に関わる計画はいまだ存在しない。1995年にメコン川委任委員会として裁可された。

問題

　国際河川地域に見られる問題として、多様かつ、時に対立する関係諸国の要求の調整が、効率的で統合的な水域管理計画の障害になることがあげられる。しかしメコン川に関しては、他の河川流域には見られない特徴がいくつかある。例えば、この地域は水が豊富なため配分に関する大きな問題がないこと。また、メコン川の協同管理に関する交渉は対立状態から生まれたのではなく、国連という力を持った第三者機関の創造的かつ先見性のある取り組み、また下流域国の強い参加意志によるところが大きかった。

背景

　メコン川は流水量において世界第7位（長さでは第10位）の川である。中国を源に、4200kmにわたりミャンマー、ラオス、タイ、カンボジアを経て、ベトナムの広大なデルタをとおり南シナ海に流れこむ。メコン川は、国際河川の開発計画に包括的なアプローチを取り入れた最初の成功例である。また同時に、世界の主要河川の中でもっとも開発の手が入っていない川でもある。その理由の1つとしては、複数の河川周辺諸国間での協同管理が困難であることがあげられる。

　1957年に行なわれた国連アジア極東経済委員会（United Nations Economic Commission for Asia and the Far Eas［ECAFE］t）の調査によれば、メコン川本流を利用することにより、水力発電、灌漑地の拡大、デルタ地域における洪水防止、ラオス北方までの航路の拡大などの可能性が提示された。ECAFEの報告によれば、以前の他の調査でも指摘されているように、包括的開発の必要性と、その計画・管理に際した河川周辺諸国の密接な協力体制の重要性が強調されている。また、協力体制を促進するため、開発計画やその他の情報交換を可能にする国際的な組織体の設立を提唱している。さらに、このような組織体がメコン川の協同管理を監督する公式機関として発展する可能性も示唆している。この報告は1957年3月にバンコクで行われたECAFEの第10回集会で発表され、下流域4か国の代表らはさらなる調査を必要とする決議案を採用した。

対立解決への試み

　1957年9月中旬、ECAFEの法律家により調整委員会創設の草案が提出された後、下流域諸国はふたたびバンコクにて準備委員会を召集した。準備委員会により草案はさらに研究・改良され、メコン川下流における協力調査のための委員会（メコン川委員会）を設立するための法令が採可された。下流域4か国の代表で構成されたこの委員会は、国連からのインプットや協力を受けていた。法令は1957年9月17日に調印された。

委員会は4か国の代表である全権委員によって構成されており、それぞれの代表が自国の主張を表明する権限を持っていた。また、委員会はメコン川下流域における水資源開発計画の企画・調査を奨励、調整、監督、規制する権限を有していた。

　1957年10月31日に初めての会議が開かれ、国際社会からの初の寄付金としてフランスから6000万フラン（約12万ドル）が援助された。さらに、河川周辺諸国の迅速な合意成立に対し、各国から援助が寄せられた。1961年には、委員会の予算は1400万ドルにものぼった。この金額は、最優先とされていた実地調査の予算としても十分なものであった。1965年後半には、20か国、11の国際機関、複数の民間組織による寄付金の総額が1億ドル以上に達した。事務局はUNDPから特別に寄付された250万ドルによって運営された。これらの国際援助機関は「メコンクラブ」と称され、国際社会における「メコン川精神」を形成していった。

成果

　メコン川委員会は、結成当初にもっとも成果をあげている。水文観測所および測候所が各地に設置され、地域情勢が緊迫する中、航空写真図化、測量、高低測量なども引きつづき実施された。また、メコン川本流の航行も改善された。

　河川周辺諸国の協力体制は委員会の働きにより促進され、政治不信の解消にも貢献した。1965年、タイとラオスは、ラオスに位置するメコン川支流である「ナムグム川水力発電開発計画」に関する協定に調印した。電力の需要が集中するタイでは、燃料費の削減のため低価格の電力が期待されていた。しかし、ラオスにはこの計画の実施に必要な財力が不足していたため、委員会をとおし国際援助が行なわれた。委員会の影響力を証明するかのように、ラオス・タイ間の電力供給に対する海外資本は、両国の緊迫した政治情勢の中でも途絶えることはなかった。

　しかし1970年代には、メコン川委員会の当初の勢いはさまざまな理由により衰え始めた。第1の理由として、データ収集やフィージビリティ・スタディの段階から具体的な開発計画の実施へ移行する際に発生した政治・経済的な障害があげられる。1970年の「指示的流域計画」（Indicative Basin Plan）では、水力発電、洪水管理、灌漑、航行規制における計画段階から大規模な実施段階への移行の可能性と、その後30年間の河川流域開発計画の枠組みが提示された。1975年に、関係諸国は「諸原則についての共同宣言」の中の開発計画を推進するため、委員会の開発目標・原則の改善に乗りだし、1966年のヘルシンキ・ルールにもとづいて「適切で平等な利用」という言葉を、国際協定で唯一かつ初めて定義した。この計画には、7段層ダム群の一部として世界最大規模の水力発電プロジェクトのうちの3つが含まれており、当初は国際社会から懐疑的な声もあがっていた。（キルマーニKirmani、1990年: 203）現在、数多くの開発計画がメコン川支流に位置する各国内で実施されており、1987年には指示的流域計画が見直され、2つの

下流ダムを含む実行計画が考えだされているが、主流における開発計画はいまだ存在しない。

　第2の理由として、政治的な問題があげられる。緊迫した政治情勢下や国間の敵意が表面化した時にも各委員会の会議はつづけられたが、政治的な障害は委員会の活動に大きく影響を及ぼした。1978年には、カンボジア政府代表が抜け、委員会は3か国による暫定委員会となった。1991年にカンボジアは委員会に再加入したが、委員会の暫定としての位置づけは1995年まで継続された。また、1975年6月には、援助全体の約12％を占めていたアメリカからの資金および介入が打ち切りとなり、その後、資金援助は十分なレベルに回復するには至っていない。

　1991年の「パリ平和条約」調印にともない、カンボジアがメコン川委員会の再開を要請し、それにより新しい活動が開始された。下流域の4か国はカンボジアの要請を聞き入れ、以後4年間にわたり今後のメコン川流域計画の方向性が検討された。その結果1995年4月に新しい協定が誕生し、メコン川委員会（Mekong Committee）はメコン川委任委員会（Mekong Commission）と改名された。この新しい機関を評価するにはまだまだ時間が必要だが、河川周辺諸国がメコン川下流域の協同管理に関して新しい意志確認をしたという事実が、抗争の悪化を未然に防ぐという意味も兼ねて、この協定への期待感を表わしている。しかしミャンマーと中国はいまだに協定に参加しておらず、河川域の統合管理を困難にしているのも事実である。

ナイル川協定

事例概要

流域	ナイル川
交渉時期	1920年から1959年、1929年と1959年に条約調印
関係諸国	直接関係国: エジプト、スーダン
	間接関係国: その他のナイル諸国
対立の発端	ナイル川における貯水施設の建設計画
課題	
設定目標	エジプト・スーダン間におけるナイル川流域の水配分の交渉
	統合的な流域開発にむけて現実的な計画を進展させること
その他の課題	
水関連	貯水における上流と下流の対立
その他	エジプト・スーダン間の全般的な外交関係
除外項目	水質問題
	その他のナイル川周辺諸国
水配分の基準	現在所持している権利に加え、開発計画によって新しく増量される水に関する配分
モティベーション／リンケージ	
	財政面: アスワン・ハイ・ダムの建設資金集め
	政治面: エジプトと新しいスーダン政府のあいだの友好外交の促進
解決策	1958年のエジプト支持派のリーダーたちによるスーダン襲撃が協定調印のきっかけとなった。
進行状況	1959年に協定裁可。エジプト・スーダン間では現在でも協定にもとづいた水配分が施行されている。その他の関係諸国（とくにエチオピア）は開発計画を作成中。それにともない、これらの国々を含む条約の必要性が示唆されている。

問題

　ナイル川周辺諸国が植民地支配から独立していくにつれ、河川周辺の抗争は国際的な規模へと移行し（とくにエジプト・スーダン間）激しさを増していった。歴史的な水利用権と新たな自

治権により発生する水所有権との根本的な対立は、技術的視点から上流と下流のどちらに管理体制を置くべきかという課題によりさらに複雑化される。

背景

　第1次世界大戦以降、ナイル川流域の地域開発計画における公式な水配分協定の必要性が明らかになってきた。1920年、インド、イギリス、アメリカの代表によりナイル川計画委員会 (Nile Projects Commission) が結成された。同年、「センチュリー・ストーレージ・スキーム」(Century Storage Scheme) の名で知られる、これまでで最大規模の包括的なナイル川開発計画案が発行された。

　しかしエジプト人の中にはこの計画に不信感を抱く者もあった。なぜならこの計画案では主要な管理構造のすべてがエジプトの領土および権限から遠ざけられているため、一部のエジプト国家主義者に非難されていた。また、エジプトの独立を懸念するイギリスが、エジプトを管理するための手段であると考える者もいた。

紛争管理の試み

　1925年、新しい水委員会は1920年の統計にもとづいた案を提出し、1929年5月7日、エジプトとスーダンのあいだに「ナイル川協定」(Nile Waters Agreement) が誕生した。その協定により、年間4BCMの流水量がスーダンに確約され、1月20日から7月15日のあいだの全流水量と年間総計48BCMがエジプトに分配された。下流域国であるエジプトには、以下の事項が保証された。

■全流水量に関する権利。スーダンにおける綿栽培はすべての冬期に行われる。
■エジプト領地外のセンナール・ダムに現地検査官を置く権利。
■ナイル川流域やその近辺に、エジプトの利益を妨げる計画を施行しないこと。

　この協定が調印されて以来、ダムと貯水池が1つずつエジプトの認可のもと建設された。1952年、新しいエジプト政府により、年間156BCMの貯水容量を見こんだアスワン・ハイ・ダムが提案された。しかし、エジプトの単独計画、またはスーダンとの協同計画として進められるべきかの論争が発生し、1954年までスーダンは交渉に参加しなかった。スーダンの独立をめぐる苦闘を背景として、その後行われた交渉では、平等な水配分問題のほか、貯水地としてのダムの効率性にも焦点があてられた。

　スーダンが1956年の独立に向けて準備を進める中、1954年9月から12月にかけてエジプト・

スーダン間の第1回目の交渉が行われた。この交渉は途中で決裂し、また1955年4月には一時的に再開されたものの、結局、解決を見ずに終わった。1958年の対立においてエジプトはスーダン領土内に遠征軍を送ったがその試みは失敗に終わった。その結果、両国の関係は軍事的な紛争にまで悪化した。スーダンは1929年の協定を破り、1959年夏、単独でセンナール・ダムの建設を施行した。

1956年1月1日、スーダンの独立は確立されたが、1958年に軍事政権による統治が開始された。エジプトは新しいスーダン政権に対し、1959年初期に再開した交渉においてより友好的な態度をとるようになった。ハイ・ダム建設の資金確保には隣接国との協定が不可欠だったこともあり、エジプト・スーダン間の交渉は早期進展が求められた。そして、1959年11月8日、ナイル川全流域の利用に関する協定、「ナイル川条約」が調印された。

結果

「ナイル川条約」には以下の条項が含まれる。
- ナイル川の平均流水量は年間84BCMと考えられている。蒸発や浸出で失われる水量を年間10BCMとし、残りの年間74BCMが配分される。
- 配分には条約で定められた権利が優先され、年間48BCMがエジプト、4BCMがスーダンへ供給される。残りの年間約22BCMは、7と2分の1（年間約7.5BCM）をエジプト、14と2分の1（年間約14.5BCM）をスーダンで分配する。合計で、エジプトが年間55.5BCM、スーダンが年間18.5BCMという配分になる。
- 平均値がこの規定値を上回った時は、その超過分は均等に配分される。大幅に減少した場合は、後述の技術委員会によって対処される。
- スーダンでは1度に大量の水を貯水できないため、1977年以降スーダンからエジプトへの年間1500MCMの水の貸しつけが条約で認められている。
- 「ナイル川流水量増化計画」（ハイ・ダム以降）への資金と、計画により増加する水量は均等に配分される。
- 紛争解決や周辺国の要求を協同審査するため、常任合同技術委員会を設置すること。また、水量が例外的に減少した場合にはこの委員会によって配分が決定される。
- エジプトは洪水や住民の転居に対する補償として、スーダンに1500万エジプトポンドを支払うことに同意した。エジプトとスーダンの推測は、周辺諸国に必要な水量は合計で年間1000MCMから2000MCM以下という点で一致しており、いかなる要求もエジプト・スーダンの合同決議によって認可されなければならない。条約で定められた水量は今日でも維持されている。

エチオピアはナイル川の水をめぐる政治において主要関係国ではなかった。しかし1957年、ナイル川の年間流水量の約75％から85％にあたる水資源に関する単独開発を領土内において進行させることを表明した。このような状況から、将来、エチオピアがナイル川流域とその他の流域において年間4万MCM近くの水量を灌漑用水として要求してくるだろうと最近では予想されている。1959年の条約で定められた水配分に対して、エチオピア以外に法的要求を訴えた国は今でも記録されていない。

プラタ川流域

事例概要

流域	プラタ川
交渉時期	1969年「プラタ川流域条約」の調印
関係諸国	アルゼンチン、ボリビア、ブラジル、パラグアイ、ウルグアイ
対立の発端	なし
課題	
設定目標	河川流域の協同開発の奨励と調整。1989年に「ハイドロビア計画」が提唱される。
その他の課題	
水関連	協同管理
その他	なし
除外項目	条約には超法規的な権限は含まれていない。
水配分の基準	なし
モティベーション／リンケージ	水に関する計画が交通関連のインフラ整備へと発展する可能性
解決策	なし
進行状況	政府間調整委員会による「ハイドロビア計画」の技術・環境調査が1996年10月に完了予定

問題

　プラタ川流域は1969年以来、協同管理体によって統括されてきた。この協同管理体は全般的に成果をあげてきた。しかし、大規模かつ経済・環境に大きな影響を与える「ハイドロビア計画」が持ちあがり、それにより河川運営の共同管理が困難になってきている。この計画は荷船交通の改良を目的とし、今日までに提案された計画の中でも最大規模の河川開発事業である。

背景

　プラタ川流域は南米大陸の南西を200万kmにわたり流れており、アルゼンチン、ボリビア、ブラジル、パラグアイ、ウルグアイが含まれている。また、流域にはパラナ川、パラグアイ川、ウルグアイ川などの南米の主要河川、そして世界最大の湿地帯であるパンタナール湿地がある。

河川周辺諸国は積極的な水域の共同管理を行なう姿勢を長年にわたり維持しており、河川をめぐる各国間の結びつきが明確に認識されてきた。1969年の包括的な条約ではすべての周辺諸国が署名国となり、河川の協同管理の枠組みを取り決めた。

この新しい枠組みは、パンタナール湿地を含むパラナ川とパラグアイ川の大部分をさらいあげ河川交通の改良を目指す計画案において試行されている。ハイドロビア（スペイン語・ポルトガル語で「水路」の意味）計画案の初期の支援者はプラタ川周辺諸国の政府であった。この計画が完成すれば、年間をとおしての荷船交通が可能となり（現状では乾期の3か月間のみの運行）、周辺諸国の内陸部にも主要な航路が開通することになる。しかし、環境活動家や生活を伝統的な経済形態に頼ってきた住民らはこの計画に難色を示している。

対立解決への試み

1969年の「プラタ川流域条約」は、周辺諸国同士の2国間協定の枠組みと将来の流域協同開発への方向性を提示した。この条約によりプラタ川とその支流における交通・通信インフラの充実化が求められ、教育、衛生、そして水以外の資源管理（例えば土壌、森林、植物相、動物相など）に関する協力体制も定められた。役割としては、周辺諸国の外務大臣が政策の方向性を提示し、常任の政府間調整委員会が管理・運営を行なっている。

河川周辺諸国は協同計画の確認と優先順位の決定、また計画の実行に必要な技術的・法的機関の設置に同意した。この条約にはいくつかの限界もあった。例えば、条約要項を管理する超法的組織体が存在しなかったことである。また、各国による計画に関連する国内法の検証作業が計画を遅延され、時には計画中止という結果に終わった。

この条約の成果としては交通分野があげられる。この分野の成功なくして「ハイドロビア計画」の進行はなかったといえる。1988年4月、計画の支援者により第1回目の会議が開かれ、これをきっかけにパラナ・パラグアイ間で「ハイドロビア計画」のための政府間委員会が結成された。

結果

計画の推進派と反対派間の対立はさらに激しさを増している中、これらの立場はきわめて限られた情報によりなり立っている。最近になって、米州開発銀行の融資協力により技術面・環境面のフィージビリティ・スタディが施行された。

サルウィン川流域

事例概要

流域	サルウィン川
交渉時期	1989年合同作業委員会の結成
関係諸国	直接関係国：ミャンマー、タイ
	間接関係国：中国
対立の発端	なし
課題	
設定目標	サルウィン川流域の水力発電協同計画の促進と運営
その他の課題	
水関連	流域外であるタイへの輸送の可能性
その他	流域に民族的に不安定な地域や麻薬取引が行なわれている地域が存在している。
除外項目	中国はいかなる計画にも参加していない。
水配分の基準	なし
モティベーション／リンケージ	
	水に関する計画が交通関連のインフラ整備へと発展する可能性
解決策	なし
進行状況	初期段階としての話しあいが進行中。具体的な河川流域や主流域の計画はでていないが、会議は継続している。

問題

　サルウィン川流域の河川計画は抗争を未然に防いだ良い例である。準備会議がミャンマーとタイのあいだで幾度も行なわれており、河川域および主流域における計画で実際に試行されているものは今のところない。しかし、いくつかの計画に関しフィージビリティ・スタディが施行されている。

背景

　サルウィン川はチベット高原に源を発し、中国、ミャンマー、タイにまたがる32万k㎡の地域を経て、マルタバン湾に注いでいる。サルウィン川流域は、1950年代の調査で流域における

大規模な水力発電の可能性が期待されていたが、現在はバルチスタンに主要な水力発電計画が1つあるだけの比較的未開発の地域である。タイやミャンマーの電力会社や日本の民間組織が単独でフィージビリティ・スタディを行なってきたが、河川域全体の潜在的な可能性が調査され始めたのは1970年代以降のことである。

対立解決の試み

1989年6月にタイ政府の派遣団がラングーンを訪れ、後にタイとミャンマーの電力会社の代表で構成された合同技術委員会が結成された。それ以来、委員会は幾度も会議を開きフィージビリティ・スタディを進めているが、具体的な計画や管理体制はいまだ確立されていない。また、今日においても中国は話しあいに参加していない。

結果

前述したように、サルウィン川流域は開発の初期段階にある。特筆すべきなのは、主要な開発計画が始まる以前に技術面や管理面に関する話しあいが進められてきており、これによって初期段階から統合された管理体制が可能となったことである。

話しあいには水力発電以外の要項も含まれていた。調査の結果、電力発電、灌漑および飲料水の分流化、荷船交通と、その他のインフラ整備の相互関連性が指摘されている。流域には民族対立により政治的不安定に陥った地域や国際麻薬取引により緊張状態にある地域が存在しており、管理問題をさらに複雑なものとしている。しかしながら、サルウィン川流域の統合管理が実施されることで、1国の単独開発により起こりうる抗争を未然に防ぐことができるであろう。

アメリカ合衆国・メキシコ共有帯水層

事例概要

流域	アメリカ・メキシコの国境にまたがる帯水層
交渉時期	1944年に「アメリカ合衆国・メキシコ水協定」(US-Mexico Water Treaty) が調印される。1973年から地下水に関する交渉が進められる。
関係諸国	メキシコ、アメリカ合衆国
対立の発端	1961年から1973年にかけて塩性化が進み、その結果1944年の条約では取りあげられなかった地下水の重要性に関心が高まった。

課題
   設定目標   共有帯水層の均等な配分
   その他の課題
     水関連   汚染問題
     その他   なし
     除外項目 なし
水配分の基準   なし
モティベーション／リンケージ
     なし
解決策   なし
進行状況   1973年以降、協議が続行中

問題

アメリカとメキシコ間の国境地域における地下水問題は複雑化しており、1944年以降、超法規的な権威機関による積極的な介入がなされてきたが、いまだ問題解決を見ていない。1944年の条約において重要視されたこの問題は1973年にも同様の指摘を受けたが、地下水特有の境界線の不明確さが法律家や管理者らを悩ませてきた。

背景

アメリカとメキシコの国境地域にはコロラド川、リオ・グランデ川、リオ・ブラボー川が流れており、これらの川の地表水をめぐる対立の土壌となっている。この地域は国境水委員会 (International Boundary and Water Commission) の活躍により平和紛争解決がもたらされた

模範例としても知られている。超法機関である国境水委員会は、共有水資源を管理する組織であり、1944年の「アメリカ合衆国・メキシコ水協定条約」をきっかけとして結成された。共有地表水の管理は地下水資源とは比較にならないほど困難である。一般的に各帯水層の構造はあまり理解されておらず、交渉に必要な要素を把握するだけで幾年にもわたる研究を要する。

ムーメ Mumme（1988年）は国境地帯3300kmにわたる6つの水流域において、23の紛争を確認した。1944年の条約では2か国間における地下水配分問題の解決の重要性が説かれたが、実際の対処には至らなかった。また1960年代初期まで共有地表水資源の問題は国境水委員会の中心的な問題であった。このころ、アメリカの灌漑地区で地下塩水がコロラド川に排出され、結果メキシコの共有淡水から塩水量が減少した。これに対しメキシコは、国境地域において地下水開発計画を強行し、損失を取り戻そうと試みた。

対立解決の試み

1973年、10年間に及ぶ交渉のすえ、1944年の条約に新たな条項が追加された。この条項は国境水委員会の「議事録242」に記されており、それは双方の国境における地下水の汲みあげに規制を設け、将来におけるすべての地下水開発計画において相手国との協議を定めている。地下水の配分量は規定されておらず、それに関する交渉は今日もつづいている。

1979年の協定では（議事録241に記載）、国境の水質汚染をめぐる紛争解決の包括的権限が国境水委員会に譲渡された。この権限をさらに地下水の過剰な汲みあげに対する規制にまで拡張すべきだという意見もある。

結果

水の協同管理を目的とする超法機関が存在し、政治的にも比較的穏やかで関係国も少ないという環境にもかかわらず、交渉は1973年以降解決を見ていない。この現状は越境的な地下水問題の複雑さを物語っている。

アラル海

事例概要

流域	アラル海とその支流（とくにシル・ダリア川とアム・ダリア川）
交渉時期	1992年と1993年に協定調印
関係諸国	直接関係国: カザフスタン、キルギスタン、タジキスタン、トルクメニスタン、ウズベキスタン
	間接関係国: アフガニスタン、イラン、中国
	ロシアはオブザーバーとして積極的にかかわってきた。
対立の発端	なし。ソビエトの農業政策により1960年代以降「クリーピング危機」が起きている。
課題	
設定目標	水域の安定化と環境回復、管理体制の向上、地域施設の設置
その他の課題	
水関連	なし
その他	周辺諸国の全般的な外交関係
除外項目	越境的な石油パイプライン
水配分の基準	初期段階ではソビエト方式を採用。現在ではより公平な利用へと移行している。
モティベーション／リンケージ	
	財政面: 国際社会からの広範囲にわたる資金援助
	政治面: 周辺諸国の外交関係の促進
解決策	ソビエト連邦崩壊により新しい国家間で調整が必要になった。
進行状況	協定は1992年と1993年に調印され、1995年に最初のプログラムが試行された。資金、法的な重複、優先順位などに関する懸念もあがっている。

問題

　アラル海周辺の環境問題は、世界的にもっとも深刻な様相を呈している。水域の分流化、農業、産業廃棄物などにより、海の消滅、水の塩化、有機性・無機性汚染などの問題が発生している。かつてソビエト連邦の管轄であったアラル海の問題は、1991年のソ連崩壊後、国際問題へ

と発展した。新しく誕生した主要5か国（カザフスタン、キルギスタン、タジキスタン、トルクメニスタン、ウズベキスタン）は、以降この水域の安定化と環境回復を目標に努力をつづけてきた。

背景

アラル海は比較的最近まで内海では世界第4位の大きさで知られていた。海盆は180万km²にもわたり、かつてはそのほとんどがソビエト連邦に属していたが、現在では共和国として独立したカザフスタン、キルギスタン、タジキスタン、トルクメニスタン、ウズベキスタン領により占められている。また上流の一部はアフガニスタン、イラン、中国にかかっており、タジキスタンのパミール高原とキルギスタンのテンシャン山脈から溶けでた氷山水がアム・ダリア川とシル・ダリア川に流れこみ、アラル海を形成している。

アム・ダリア川、シル・ダリア川間の肥沃な土地における灌漑の歴史は1000年前にさかのぼり、アラル海の環境は1960年代初期まで比較的均衡のとれた状態がつづいてきた。そのころソビエト連邦の中央計画当局により、この地域をソビエトの綿栽培地帯に変える「アラル海計画」が考案された。その後数年にわたり広範囲における灌漑計画が施行され、1965年から1988年にかけて灌漑地帯は3分の1以上に拡大された。

この極端な綿の単一栽培の結果、自然環境への深刻なダメージが発生した。農薬の使用や海水の塩化に加え、地域の産業公害により水質が悪化、病気や幼児の死亡率が上昇した。水流の分流化により、川の流水量の総計は時に自然な状態を超え、アム・ダリア川とシル・ダリア川を細流化させた。結果、アラル海は表面水域の半分にあたる総水量の75％を失い、海水の塩度は3倍に増加した。これらのことがすべて1960年以降に起こったのである。露出した海底は塩と農薬の残留物で厚く覆われ、それらは風によって大西洋や太平洋まで運ばれ、地域一帯の大気汚染や健康問題の原因となっている。

対立解決の試み

アラル海域の深刻な問題は、ソ連崩壊後、国際問題として取りあげられるようになった。1988年以前、自然資源の利用と保護はソビエト政府の1省庁下の支局により管轄され、各自独立した権限を持っていた。1988年1月、自然保護のための国家委員会が結成され、1990年に「資源環境省」となった。この機関は他の共和国の協力を得て、環境と自然資源の利用に関するすべての権限を所持していた。この集権化は1991年のソ連崩壊とともに終わりを迎える。

その後しばらくのあいだ、海域周辺5か国はソビエト連邦の定めた暫定協定により規制されていた。そして1992年2月、越境的な水問題の政策調整に関する協定交渉が5か国により開始

された。

結果

1992年2月18日、「国境水資源の利用と保護の協力管理に関する協定」(Agreement on Cooperation in the Management, Utilizatio and Protection of Interstate Water Resources) が、カザフスタン、キルギスタン、タジキスタン、トルクメニスタン、ウズベキスタンの代表により調印された。協定全般をとおして「アラル海危機解決」のための情報交換、合同調査、水の利用と保護に関する合同規制などが関係諸国に呼びかけられている。また、管理、監視、協定の促進を目的として国際水管理調整委員会 (Interstate Commission for Water Management coordination) が設置された。この委員会は設置当初から水配分と利用の年間計画を作成し、各関係諸国に水利用の制限を提示した。

それと並行して、1993年3月26日に「アラル海およびアラル海沿岸における問題提起およびアラル海地域の環境改善・経済開発のための共同活動協定」(Agreement on Joint Actions for Addressing the Problems of the Aral Sea and its Costal Area, Improving of the Environment and Ensuring the Social and Economic Development of the Aral Sea Region) が同5か国により調印された。この協定でも同様に、政策決定およびアラル海危機解決の計画準備・施行を基本目的とするアラル海流域国家間委員会 (Interstate Council for the Aral Sea) が合同機関として結成され、各国の水管理局が協議会の会員となった。1993年1月、協議会の活動資金を集める目的でアラル海国際基金 (International Fund for the Aral Sea) が設置された。

1994年1月、中央アジア首脳会議 (Heads of Central Asian) においてアラル海に関する長期的なコンセプトと短期的なプログラムが採用された。長期的コンセプトでは水保全に関する厳しい政策など、アラル海域開発の新しいアプローチが述べられた。アラル海における水利用の重要性がここで初めて正式に公認された。プログラムには以下4つの目標が含まれる。

■アラル海域の環境の安定。
■周辺の汚染地帯の復興。
■国際的な水域管理体制の向上。
■プログラムを実際に計画・施行するための地域機関の設立。

1995年、2億6000万ドルをかけたプログラムの第1段階が3年間の予定で開始された。これらの地域計画は、欧州連合、世界銀行、国連環境計画、国連開発計画などの政府機関および非政府組織によって支援、補足された。

このように状況が前向きに進展する中、これらの計画や機関の将来的な効果を懸念する声も

あがっていた。約束されていたいくつかの資金が実際に提供されていないと指摘する者もいた。ダンテ・カポネラ Dante Caponera（1995年）は、協定の重複点や矛盾点を指摘した。また、この協定は海域の「最大利用」を肯定しているようにも解釈されかねないと警告した。ヴィナグラードフ Vinagradov（1996年）は、規制と開発における委員会と協議会の役割分担の重複など、これらの協定の法的な問題点を指摘した。

カナダ・アメリカ合衆国国際共同委員会（The International Joint Commission: Canada and the United States of America）

事例概要

流域	アメリカ・カナダ国境間におけるすべての水資源
交渉時期	1905年から1909年
関係諸国	カナダ（初期にはイギリスをとおして交渉）、アメリカ
対立の発端	20世紀初期に持ちあがった水質に関する懸念
課題	
設定目標	国境周辺の水問題に対処する組織的な枠組の提供
その他の課題	
水関連	水質問題は1978年に再度取りあげられた。
その他	1987年の議定書と1991年の協定には大気汚染問題が追加された。
除外項目	国境にかかる流域の支流、統治権に関する問題
水配分の基準	「平等かつ同等の権利」
モティベーション／リンケージ	
	なし
解決策	カナダは統治権をめぐる論争を受け入れ、アメリカは仲裁役を引き受けた。
進行状況	130以上の抗争が回避または調停された。

問題

　カナダとアメリカの国境は、世界でもっとも長い国境の1つである。国境東側の多湿な地域ではごみ処理に水資源を利用するなど、2国における産業開発は国境周辺の水質を著しく悪化させ、20世紀初期には水質問題は両国の深刻な問題として取りあげられるようになった。1905年より以前は、共有水資源に関して問題が発生した場合のみ暫定委員会が対処した。共有水資源の協同管理のための常設機関の設立は両国の望みであった。

背景

　カナダとアメリカの州間には6400km、またカナダ・ノースウェスト準州とアラスカのあいだには2400kmの国境線が存在している。これらの国境を横切る形で世界でも有数の豊かな水域が存在しており、その中には広大な範囲にわたる五大湖も含まれている。以前は暫定委員会が

水問題に対処していたが、問題の深刻化にともない十分な対応が困難となってきた。1905年に国際水流委員会（International Waterways Commission）が設立されたが、1件ずつの問題に対処するのみであった。

対立解決への試み

カナダとアメリカは、国際水流委員会に代わる常設機関を設立するため交渉を開始した。その交渉では各国の懸念が表明された。まず、アメリカにとっての最大の懸念は統治権に関する問題であった。国境周辺の水管理に関する協定を結ぶ必要性を認めつつも、その過程において自国の政治的な権限が失われることを恐れたのである。アメリカは、各州が管轄内の水資源に対して絶対的な統治権を保持すること、また支流は委員会の権限に属さないことを主張した。さらに、新しい機関に以前の暫定的な要素を残し、過度の権限を抑制した。カナダはアメリカに対して平等な関係を要望していたが、当時の2か国の開発規模やレベルの格差、またカナダの外交がイギリスの管理下にあったこともあり、それは困難な状況であった。交渉はオタワ、ワシントン、ロンドンをつうじておこなう必要があった。カナダは、支流も含めた包括的な協定、そして以前よりも大きな権限を持つ委員会の設立を望んだ。

結果

1909年、各国の交渉条件が反映された「アメリカ合衆国とカナダの国境水資源に関する条約」（Treaty Relating to Boundary Waters between the United States and Canada）がイギリスとアメリカのあいだで調印された。この協定によって、各国政府により任命された3名、合計6名の委員からなる国際共同委員会が設立された。カナダはアメリカの統治権に関する懸念をある程度受け入れ、その結果、支流は委員会の権限に属さないことになった。また、アメリカも委員会が仲裁役を担うことを承諾し、当初考えていたよりも大きな権限を委員会に与えることに同意した。

この協定により国境水域での航行が自由化され、五大湖の中で唯一国境にかかっていないミシガン湖でもカナダによる運航が許可された。また、各地域の管轄水域では単独管理が認められると同時に、影響を受けると予想される下流地域で起こる問題に対する補償も約束されている。さらに委員会には準司法的な権限も含まれており、国境水域の自然な水の流れに影響を及ぼすようないかなる計画に対しても、両国政府の承認が必要となる。委員会には合意に関する仲裁の義務が課されているが、いまだ実行されたことはない。また委員会には調査に関する権限もあり、許可を必要とする開発計画の調査や各国政府からの問題に関する調査が依頼される。委員は各国政府の代表としてではなく、独立機関の一員として職務を果たす。

水質問題（とくに五大湖の水質）が、委員会の最重要課題であった。五大湖のセントローレ

ンス川水系には世界中の地表淡水の5分の1が含まれており、各国の産業の生命線となっている。そのためか、条約における汚染防止条項に対する両国の反対は少なかった。1972年に調印された「五大湖水質協定」では、汚染防止と都市および産業排水の浄水化が各国に要求された。これが1978年の新しい協定の調印に結びつき、さらには1987年の包括的な議定書へと発展した。それにともない水質に関する委員会の権限や活動も拡大していた。

協定では水質に関する明確な目標が記され、これらの目標に対する計画の作成に関しては両国政府に委任された。1987年の議定書では43の「懸念される分野」に対する「改善行動計画」が各国政府と地域団体により提出され、この計画の評価は委員会にゆだねられた。1987年の議定書では、汚染防止に「エコ・システム」という取り組みが実施されたほか、深刻な汚染物質に対処するため「湖全域の管理計画」の作成が呼びかけられた。また、非特定汚染源、地下水汚染、汚染堆積物、大気汚染などが重要課題として追加された。1991年には、「大気協定」が2国間で調印された。この協定により、委員会には共有大気資源に対する制限つきの権限が与えられた。

時には国際共同委員会に対する批判の声があがることもあった。最近では、委員会設立の際に交渉条件として政治的に必要であった委員会の権限の制限を問題視する者もいた。それは1987年の協定で提唱された「エコ・システム」を実施するにあたり、より大きな超法規的権限が必要ではないかというものであった。また、委員会には水管理プロセスに関して市民参加をうながす努力が不足しているという声もあった。そのような批判の中、委員会は大規模な水資源を管理する権限と数多くの自治体に対する責任を担い、90年以上にわたり130もの抗争を阻止・調停してきた。この実績を見れば、委員会は2国間の国境水域を効果的かつ平和的に管理するという責務を立派に果たしてきたといえるだろう。

レソト高原水計画

事例概要

流域	センク川
交渉時期	1978年から1986年
関係諸国	レソト王国、南アフリカ共和国
対立の発端	南アフリカの産業中枢における水不足
課題	
設定目標	レソトから南アフリカへ水を運搬するための技術および財政に関する交渉
その他の課題	
水関連	レソト国内の電力消費をまかなう水力発電
その他	開発一般
除外項目	なし
水配分の基準	水の価格は条約において交渉された。
モティベーション／リンケージ	
	南アフリカはレソトから水を購入するほか、分流化事業に融資する。レソトはその収入と開発援助を水力発電および開発に利用する。
解決策	経済的な取り決めが交渉され、国際基金の援助を受けた。
進行状況	1990年に計画完了。南アフリカ政府の大幅な変革による影響はない。

問題

　レソトは南アフリカに完全に囲まれており、水以外の自然資源には恵まれていない。プレトリアからビトバーテルスラントにかかる南アフリカの産業中枢地帯では長年にわたる水資源の搾取がつづいており、南アフリカ政府は代わりとなる水資源を探していた。技術・財政面における取り決めが熟考され、後に「レソト高原計画」へと進展した。このように多角的要素を盛りこんだ包括的な取り組みを推進することで、多大な成果を得ることができることが証明された。

背景

　レソトにおける開発の限界として、自然資源や投下資本の不足などがあげられる。レソトにとって水が唯一豊富な資源であり、隣国の南アフリカにはその水が不足していた。センク川か

ら南アフリカへ水を運搬する計画は、1950年代から1960年代にかけて検討されていた。しかし、水の運搬費用の折りあいがつかなかったため、結局、計画が実行されることはなかった。

対立解決の試み

1978年、レソト政府と南アフリカ政府は水運搬計画の可能性を検討するため合同技術チームを任命した。第1回目のフィージビリティ・スタディでは、35㎥/秒での水運搬、4つのダム建設、長さ100kmの運搬用トンネル、水力発電設備の設置を含む計画が提案された。この計画をさらに詳しく検証する方向で同意がなされ、その調査費用は両国政府で負担された。

1986年に行なわれた第2回目のフィージビリティ・スタディでは、この計画の可能性が確かなものだと立証され、運搬可能な水量も2倍にあたる70㎥/秒が提案された。この国際事業の交渉には、2国間で条約を交わすことが不可欠であった。交渉は1986年まで行なわれ、1986年10月24日、「レソト王国・南アフリカ共和国政府によるレソト高原水計画協定」(Treaty on the Lesotho Highlands Water Project between the Government of the Kingdom of Lesotho and the Government of the Republic of South Africa) が調印された。

成果

条約においては、技術面、経済面、政治面の複雑な要素が巧みに調整された。南アフリカのアパルトヘイトの国際ボイコット運動により、計画はセクションごとに融資され管理されることが求められた。水の運搬費用と代金の支払いに関しては南アフリカがすべて負担しており、水力発電・開発の資金を請け負ったレソトは、さまざまな援助機関（とくに世界銀行）から国際援助を受けていた。1990年、「レソト高原水計画」の第1段は24億ドルをかけ完了した。

「レソト高原水計画」は、さまざまな資源を包括的に交渉することの重要性を示す好例となった。南アフリカは低価格の水資源を手に入れ自国のさらなる成長に役立てることが可能となり、レソトは開発事業による収益と水力発電を手に入れることができた。南アフリカ共和国の近年の劇的な政治変動の中、これらの取り決めが大きな影響を受けなかったことは、この計画の基盤の強さを証明している。

4.2 条約リスト

国際的な水に関する条約

以下は、国際的な水に関する条約を日付順にリストアップし、地域ごとに条約の概要をコンピューターによって編集したものである。

　＊条約名は一部省略されている箇所があります。その場合、(略)もしくは〈　〉で表記しています。

■1874年7月20日
エジュール・ダルバール (Edur Durbar) とイギリス政府の約定条項 (198ページ)

■1885年2月26日
ベルリン議定書 (215ページ)

■1889年8月10日
イギリス・フランス協定 (177ページ)

■1891年4月15日
境界範囲の設定に (略) 関するイギリス・イタリア議定書 (218ページ)

■1892年9月16日
灌漑用水の供給の規制 (略) をめぐるイギリス・ジンド州協定改訂 (199ページ)

■1893年8月29日
シルサ地域の西ヤムナ運河をめぐるイギリス政府・パティアーラ州協定 (180ページ)

■1895年2月4日
イギリス・フランスの書簡交換 (178ページ)

■1902年3月18日
イギリス・エチオピアの公文交換 (219ページ)

■1904年2月23日
シルヒンド運河に関するイギリスとパティアーラ州、ジンド州、ナバによる最終協定 (200ページ)

■1906年5月9日
1894年5月12日にブリュッセルで調印された協定の改訂 (略) 協定 (219ページ)

■1906年10月19日
イギリス・フランス協定 (178ページ)

■1910年4月11日
アデンの水供給に関するイギリスとアブダリのスルタンによる会議（195ページ）
■1910年5月5日
国境付近の水流と国境問題に関するイギリス・アメリカ合衆国条約（189ページ）
■1913年9月4日
国境線に関するシエラ・レオネとフランス領ギニアの（略）協定制定のための公文交換（179ページ）
■1915年6月12日
ホルゴス川沿いの国境線区分に関する（略）議定書（146ページ）
■1921年4月20日
バルセロナ会議（215ページ）
■1922年10月28日
河川水路の維持と漁猟規制（略）に関する〈フィンランド〉・〈ソビエト〉会議（227ページ）
■1925年2月14日
パスビク（Pasvik／Paatsjoki）川とヤコブセルブ（Jakobselv）（略）の国際水関連法に関する〈ノルウェー〉・〈フィンランド〉会議（226ページ）
■1925年2月24日
ウッズ湖の水位規制に関するアメリカ合衆国・カナダ協定（190ページ）
■1925年6月15日
ガシュ川の水利用法に関する（略）公文交換（187ページ）
■1925年12月20日
イギリス・イタリア公文交換（220ページ）
■1926年7月1日
クネネ川の水利用規制（略）協定（154ページ）
■1927年7月20日
経済的利害をめぐる（略）諸議題に関する（略）会議（154ページ）
■1927年8月11日
ドーロ川の国境付近の水力発電開発規制に関するスペイン・ポルトガル会議（172ページ）
■1928年1月29日
国境水路の維持と管理に関する（略）ドイツライヒ・リトアニア共和国会議（212ページ）
■1929年5月7日
ナイル川の（略）灌漑利用（略）に関する公文交換（221ページ）

■1931年4月29日
南アフリカとアンゴラの委任統治領の境界線に関する(略)公文交換(155ページ)
■1934年11月22日
タンガニーカとルアンダ・ウルンジの国境付近における水利権に関する(略)協定
(221ページ)
■1936年5月11日
タンガニーカ領とモザンビークの境界線に関する(略)公文交換(238ページ)
■1940年11月7日
特定地域の開発をめぐる協定制定のための(略)アメリカ合衆国・(略)カナダによる公文交換
(190ページ)
■1941年5月20日
電力の臨時分流化に関する(略)アメリカ合衆国政府・カナダ政府による公文交換
(191ページ)
■1941年11月27日
追加事項に関する(略)アメリカ合衆国政府・カナダ政府の協定制定のための公文交換
(191ページ)
■1944年5月22日
ペルー・エクアドル国境区分設定の工程終了に関する宣言と公文交換(145ページ)
■1944年11月14日
コロラド川、ティフアナ川、リオ・グランデ川(略)の水に関するアメリカ合衆国・メキシコ条約
(149ページ)
■1945年6月1日
ピルコマーヨ川に関する〈アルゼンチン〉・〈パラグアイ〉補足国境条約(233ページ)
■1946年12月30日
サルトグランデ地域のウルグアイ川の水流利用に関する協定(243ページ)
■1947年2月3日
フィンランド領からソビエト領への土地の一部譲渡に関する〈ソビエト〉・〈フィンランド〉協定
(227ページ)
■1947年2月10日
イタリアとの和平条約(パリで調印)(173ページ)
■1948年5月4日
運河水流をめぐる(略)抗争に関するインド・パキスタン政府の領土間条約

(200ページ)

■1949年5月31日
ウガンダのオーエン滝ダムの建設をめぐる（略）公文交換（222ページ）

■1949年11月25日
ソビエト・ルーマニアの国境における政治制度および最終議定書に関する条約（156ページ）

■1949年12月05日
ウガンダのオーエン滝ダムの建設をめぐる〈イギリス〉（略）・〈エジプト〉による協定制定のための公文交換（223ページ）

■1950年1月19日
気象分野における（略）協力体制に関する〈イギリス〉（ウガンダの代理として［略］）・〈エジプト〉による協定制定のための公文交換（223ページ）

■1950年2月24日
ソビエト・ハンガリーの国境における政治制度および最終議定書に関する条約（157ページ）

■1950年2月27日
ナイアガラ川の水利用に関するアメリカ合衆国・カナダ条約（192ページ）

■1950年4月25日
ロスポート／ライリンゲンのザウアー川水力発電所建設に関する国家間条約（233ページ）

■1950年6月9日
洪水防止対策と国境付近の流域規制に関する〈ソビエト〉・〈ハンガリー〉会議（158ページ）

■1950年9月7日
ヘルマンド川デルタ委員会による委任事項および（略）会議出席者の合意を得た解釈表明文書（197ページ）

■1950年10月16日
リスバッハ（Rissbach）地区、デュラッハ（Durrach）地区、ウォルチェン（Walchen）地区における分流化に関する協定（158ページ）

■1950年10月16日
オーストリア-バイエルン発電所株式会社（Österreichisch-Bayerische Kraftwerke AG）に関する〈オーストリア〉・〈ドイツ〉協定（159ページ）

■1951年4月18日
スーダン政府の灌漑の顧問官・管理者とエルトリアの農業管理者間の書簡（188ページ）

■1951年4月25日
ナアタモ／ネイデン（Näätämo／Neiden）川からガンドビク（Gandvik）川への（略）移行に

関する〈フィンランド〉・〈ノルウェー〉協定（214ページ）
■1952年2月13日
ドナウクラフトワーク・ヨッヘンシュタイン株式会社（Donaukrafwerk-Jochenstein Aktiengesellschaft）に関する協定（160ページ）
■1952年6月30日
セントローレンス海路計画に関するカナダ・アメリカ合衆国による協定制定のための公文交換（193ページ）
■1952年7月16日
ウガンダのオーエン滝ダム建設に関する協定制定のための〈イギリス（ウガンダ）〉・〈エジプト〉による公文交換（224ページ）
■1952年12月25日
洪水防止対策とプルート川流域規制に関する〈ソビエト〉・〈ルーマニア〉会議（160ページ）
■1953年1月21日
ポルトガルのシェア渓谷（Shirè valley）計画への参加（略）に関する協定制定のための〈イギリス〉・〈ポルトガル〉による公文交換（245ページ）
■1953年6月4日
ヤルムク川の水利用に関するシリア共和国・ヨルダンハシミテ王国協定（203ページ）
■1953年11月12日
セントローレンス川の共同計画（略）作成における協定制定のためのアメリカ合衆国・カナダによる公文交換（193ページ）
■1954年4月16日
国境流域における（略）技術的、経済的な議題の和解に関する〈チェコスロバキア〉・〈ハンガリー〉協定（161ページ）
■1954年4月25日
コシ川計画に関するインド政府・ネパール政府協定（181ページ）
■1954年5月25日
ドラバ川の水をめぐる経済問題に関する〈ユーゴスラビア〉政府・〈オーストリア〉政府会議（162ページ）
■1954年11月18日
クワンド川の特定の（略）先住民に関する〈イギリス／ローデシア-ニアサランド〉協定（246ページ）
■1954年12月16日

ムーラ川国境付近の水をめぐる経済問題に関する〈ユーゴスラビア〉・〈オーストリア〉協定
(163ページ)

■1955年4月7日
水管理システムにおける水管理および交差する水路など（略）の課題に関する〈ユーゴスラビア〉・〈ルーマニア〉協定（163ページ）

■1955年4月20日
チチカカ湖の共有利用に関する（略）合同調査委員会設立のためのペルー・ボリビアによる公文交換（208ページ）

■1955年8月8日
〈ユーゴスラビア〉・〈ハンガリー〉協定調印およびユーゴスラビア-ハンガリー水経済委員会（Yugoslav-Hungarian Water Economy Commission）における法令（164ページ）

■1955年12月31日
ジョンストン交渉（204ページ）

■1956年1月20日
アカライ川とモンディ（Monday）川（略）の水力発電の利用における合同調査に関する〈ブラジル〉・〈パラグアイ〉協定（229ページ）

■1956年4月9日
水をめぐる経済問題の規制に関するハンガリー人民共和国・オーストリア共和国条約
(165ページ)

■1956年8月18日
アムール川流域の自然資源とその可能性（略）の合同調査実施に関する〈ソビエト〉・〈中国〉協定
（147ページ）

■1956年10月13日
国境地域の政治体制に関する〈チェコスロバキア〉・〈ハンガリー〉条約（165ページ）

■1956年12月5日
水をめぐる経済問題に関する〈ユーゴスラビア〉・〈アルバニア〉協定およびユーゴスラビア・アルバニア水（略）の法令（166ページ）

■1957年2月19日
チチカカ湖の共有利用に関する初期段階の経済調査のためのボリビア・ペルー協定
(208ページ)

■1957年5月14日
ソビエト・イラン国境地域の政治体制とその解決策（略）のための〈ソビエト〉政府・〈イラン〉

政府条約（148ページ）
■1957年8月11日
アラクス川とアトラック川の国境地域における灌漑や水力発電など（略）の共有利用に関するイラン・ソビエト連邦協定（147ページ）
■1957年12月18日
パスビク（Pasvik／Paatso）川の水力発電利用に関するノルウェー・ソビエト社会主義共和国連邦協定（232ページ）
■1958年1月23日
アピペ（Apipe）滝の水力発電利用の調査に関する〈アルゼンチン〉・〈パラグアイ〉協定（230ページ）
■1958年3月21日
国境河川の水資源利用に関する〈チェコスロバキア〉・〈ポーランド〉協定（225ページ）
■1958年4月4日
水をめぐる経済問題に関する〈ユーゴスラビア〉・〈ブルガリア〉政府協定（166ページ）
■1958年7月10日
オウル（Our）川における水力発電所建設に関する〈ルクセンブルグ〉・〈西ドイツ〉国家間条約（234ページ）
■1958年7月12日
ラヌー湖に関するフランス共和国政府・スペイン政府協定（174ページ）
■1959年4月29日
カイアコスキ（略）ダムの方法を踏襲したイナリ湖の規制に関する〈ソビエト〉・〈ノルウェー〉・〈フィンランド〉協定（228ページ）
■1959年10月23日
東パキスタン国境紛争解決のためのインド・パキスタン協定（付属書つき）（201ページ）
■1959年11月8日
アラブ連合共和国政府・スーダン政府協定（225ページ）
■1959年12月4日
ガンダク川灌漑・発電計画（Gandak Irrigation and Power Project）に関する〈ネパール〉・〈インド〉協定（182ページ）
■1960年1月11日
西パキスタン・インド国境紛争に関するパキスタン・インド協定（202ページ）
■1960年9月19日

インダス川条約（203 ページ）
■1960年10月24日
リオ・グランデ川に国際的なダム施設（略）の一部となるアミスタッド・ダムを建設するための協定（236 ページ）
■1961年1月17日
コロンビア川流域の水資源の合同開発に関する条約（付属書つき）（151 ページ）
■1961年2月24日
ムーズ川（略）の分流化規制などについて調印された1863年5月12日の条約に対する新協定制定のための公文交換（212 ページ）
■1963年4月26日
ミリム・ラグーン開発（略）に関する協定制定のための公文交換（213 ページ）
■1963年7月26日
バマコ会議（238 ページ）
■1963年10月26日
ニジェール川周辺諸国による（略）法令（216 ページ）
■1963年11月25日
中央アフリカ電力公社（Central African Power Corporation）（略）に関する協定
（247 ページ）
■1963年11月30日
アイアンゲート水力発電所の運営と航行（略）に関する〈ユーゴスラビア〉・〈ルーマニア〉会議
（167 ページ）
■1963年11月30日
建設・運営（略）に関するユーゴスラビア社会主義連邦共和国・ルーマニア社会主義共和国協定
（168 ページ）
■1963年11月30日
損害賠償（略）に関するユーゴスラビア社会主義連邦共和国・ルーマニア社会主義共和国会議
（168 ページ）
■1964年1月22日
合同（略）条約に関する新たな協定制定のためのカナダ・アメリカ合衆国による公文交換
（151 ページ）
■1964年1月22日
カナダの受給資格売買（略）に関する協定制定のためのカナダ・アメリカ合衆国による公文交換

(152ページ)
■1964年2月11日
クェートの淡水供給（略）に関するイラク・クェート協定（175ページ）
■1964年5月22日
チャド湖水域（略）に関する会議と制定法（207ページ）
■1964年7月16日
Convenio entre España y Portugal para Regular el Aprovechamiento hydroelectrico de los tramos internacionales de rio Duero y de sus afluentes（原文のまま表記）（172ページ）
■1964年7月17日
国境地域の水資源利用に関する〈ポーランド〉・〈ソビエト〉協定（244ページ）
■1964年9月16日
カナダの受給資格購入（略）承認に関する協定制定のためのカナダ・アメリカ合衆国による公文交換（153ページ）
■1964年11月25日
ニジェール川委員会およびニジェール川の航行・輸送に関する協定（217ページ）
■1965年8月12日
電力供給に関するラオス・タイ会議（210ページ）
■1966年4月30日
コンスタンス湖の水引きあげに関する〈西ドイツ〉・〈オーストリア〉・〈スイス〉協定
（235ページ）
■1966年8月24日
コロラド川からメヒカリ渓谷の灌漑用地への水貸しつけに関する協定制定のための公文交換
（150ページ）
■1966年12月19日
コシ計画の〈ネパール〉・〈インド〉改訂協定（183ページ）
■1967年4月1日
（協定名なし）南アフリカ・ポルトガル間協定（247ページ）
■1967年9月28日
マントン居住区への水供給に関するフランス・イタリア会議（237ページ）
■1967年12月7日
国境地域の水管理問題の規制に関する〈オーストリア〉・〈チェコスロバキア〉条約

(169 ページ)

■1968年2月27日

ラージカ-ゴニュ（Rajka-Gönyü）領域における河川管理の確立（略）に関する〈チェコスロバキア〉・〈ハンガリー〉協定（170 ページ）

■1968年5月29日

Convenio y protocola adicional para regular el uso y aprovechamiento hidraulico de los tramos internacionales de los rios Miño, Limia, Tajo……（原文のまま表記）（196 ページ）

■1968年10月23日

共同（略）に関するブルガリア人民共和国・トルコ共和国協定（209 ページ）

■1969年1月21日

南アフリカ・ポルトガル協定（156 ページ）

■1969年3月21日

ナイアガラのコファ・ダム臨時建設に関する協定制定のための公文交換（194 ページ）

■1969年3月21日

発電を目的とした（略）一時的な川の分流化に関する協定制定のためのカナダ・アメリカ合衆国による公文交換（195 ページ）

■1969年7月4日

ライン川開発に関するストラスブール・ラウターブール会議（235 ページ）

■1970年1月30日

ダカール会議（239 ページ）

■1971年12月16日

スティンカ-コステスチ水力技術計画（Stinca-Costesti hydraulic engineering scheme）の合同構築に関する〈ルーマニア〉・〈ソビエト〉協定（170 ページ）

■1972年7月12日

イマトラ（略）に区分されるブオクシ（Vuoksi）川の1区域における電力生産に関する〈フィンランド〉・〈ソビエト〉協定（244 ページ）

■1972年11月24日

インド・バングラデシュ合同河川委員会の制定法（183 ページ）

■1973年4月26日

パラナ川（略）水資源の水力発電利用に関する〈ブラジル〉・〈パラグアイ〉条約（230 ページ）

■1973年11月13日

国境管理の取り決めに関する〈オーストラリア（パプアニューギニア）〉・〈インドネシア〉協定（241ページ）
■1975年1月31日
メコン川下流地域の利用法に関する〈カンボジア〉・〈ラオス〉・〈タイ〉・〈ベトナム〉による合同宣言（210ページ）
■1975年3月6日
国境における水路利用（略）に関する協定（176ページ）
■1976年2月12日
セグンド議定書（197ページ）
■1977年11月5日
ファラッカにおけるガンジス川の共有利用と流水増加に関する〈バングラデシュ〉・〈インド〉協定（184ページ）
■1978年4月7日
チャンドラ運河と揚水運河の修復と拡大、西コシ運河の配分に関する〈ネパール〉・〈インド〉協定（185ページ）
■1978年6月30日
ガンビア川流域開発機関の設立に関する会議（180ページ）
■1978年7月3日
アマゾン川協力条約（145ページ）
■1979年10月19日
パラナ川計画協定（231ページ）
■1980年11月21日
ニジェール河川局（Niger Basin Authority）の設立のための会議（217ページ）
■1983年7月20日
合同河川委員会会議（186ページ）
■1986年10月1日
レソト高原水計画に関する〈レソト〉・〈南アフリカ〉条約（240ページ）
■1990年10月8日
エルベ川保護国際委員会（略）会議（175ページ）
■1993年3月26日
アラル海（略）における合同取り組みに関する協定（241ページ）
■1994年6月30日

ダニューブ川保護と持続可能な利用に向けた協力のための草案会議（171ページ）
■1994年10月26日
アラバ（アラヴァ）渡河点にて調印された（略）〈イスラエル〉・〈ヨルダン〉和平条約（205ページ）
■1995年3月3日
アラル海国際協議会（ICAS）のECの働きに関する（略）中央アジア諸国首脳の決議（242ページ）
■1995年4月5日
メコン川流域の持続可能な開発協力に関する協定（211ページ）
■1995年9月28日
ウェストバンクとガザストリップにおけるイスラエル・パレスチナ暫定協定（206ページ）
■1996年12月12日
ファラッカにおけるガンジス川（ガンガ川）の共有に関する〈インド〉・〈バングラデシュ〉条約（186ページ）

アマゾン川流域

ペルー・エクアドル国境区分設定の工程終了に関する宣言と公文交換

関係流域	アマゾン川、チラ川、ザルミラ川、トゥンベス川
主要流域	アマゾン川
調印日	1944年5月22日
調印形態	2国間
調印国	ペルー、エクアドル
主要課題	水供給
水以外の課題	なし
上記に関するコメント	——
監査	なし
配分	ペルーは「ザルミラ川のよどみ」と呼ばれる右岸にあるエクアドルの村への水供給に合意した。これらの村の需要は不明瞭だが、ペルーは適切な水の供給を約束した。
強制措置	なし
不均衡な権力関係	不明
情報共有	不明
紛争解決	なし
水の配分方法	不明瞭
交渉	——
備考	——

アマゾン川協力条約

関係流域	アマゾン川
主要流域	アマゾン川
調印日	1978年7月3日
調印形態	多国間
調印国	ボリビア、ブラジル、コロンビア、エクアドル、ガイアナ、ペルー、スリナム、ベネズエラ
主要課題	産業用水

水以外の課題	なし
上記に関するコメント	条約では水供給よりも開発に焦点が置かれていた。
監査	なし
配分	——
強制措置	なし
不均衡な権力関係	あり
情報共有	あり
紛争解決	なし
水の配分方法	なし
交渉	——
備考	持続可能な開発と汚染問題の防止について言及されている。

アムール川流域

ホルゴス川沿いの国境線区分に関する（略）議定書

関係流域	ホルゴス川
主要流域	アムール川
調印日	1915年6月12日
調印形態	2国間
調印国	中国、ロシア
主要課題	水供給
水以外の課題	なし
上記に関するコメント	おもに国境線の画定
監査	なし
配分	既存の運河は引きつづき利用され、残りの水は均等に配分されるよう定められた。
強制措置	なし
不均衡な権力関係	あり
情報共有	なし
紛争解決	なし
水の配分方法	不明瞭

交渉	国境付近の緊張は今日もつづいている。ロシアは内戦（革命）および外戦（第1次世界大戦）を戦うと同時に、国境線の確立を試みた。
備考	ロシアと中国の国境問題は長年つづいている。水供給は2次的な問題であり、ロシアに有利に働いた。

アムール川流域の自然資源とその可能性（略）の合同調査実施に関する〈ソビエト〉・〈中国〉協定

関係流域	アムール川
主要流域	アムール川
調印日	1956年8月18日
調印形態	2国間
調印国	中国、ソビエト
主要課題	水力発電
水以外の課題	なし
上記に関するコメント	——
監査	あり
配分	——
強制措置	不明
不均衡な権力関係	不明
情報共有	あり
紛争解決	なし
水の配分方法	なし
交渉	——
備考	調査上の問題に対処する合同科学評議会の設置。

アラクス川・アトラック川流域

アラクス川とアトラック川の国境地域における灌漑や水力発電など（略）の共有利用に関するイラン・ソビエト連邦協定

関係流域	アラクス川とアトラック川
主要流域	アラクス川とアトラック川

調印日	1957年8月11日
調印形態	2国間
調印国	イラン、ソビエト
主要課題	水供給
水以外の課題	土地問題
上記に関するコメント	貯水池における国境線の修正
監査	不明
配分	両国には灌漑と水力発電のため水が均等に配分された。
強制措置	不明
不均衡な権力関係	あり
情報共有	あり
紛争解決	不明
水の配分方法	均等配分
交渉	──
備考	川に堆積した沈殿物による地形の変化を原因とし、国境線確立のための合同委員会が設置された（紛争管理能力は持たなかった）。

ソビエト・イラン国境地域の政治体制とその解決策（略）のための〈ソビエト〉政府・〈イラン〉政府条約

関係流域	テジェン川、アトラック川、アラクス川、ハリルド（Harirud）川
主要流域	アトラック川、アラクス川
調印日	1957年5月14日
調印形態	2国間
調印国	ソビエト、イラン
主要課題	汚染問題
水以外の課題	なし
上記に関するコメント	──
監査	あり
配分	両国の住民には国境における漁業権が与えられた。家畜用の水利用が許可されたが、他国の領土に家畜が侵入しないことが条件であった。汚染管理についても言及された。
強制措置	不明

不均衡な権力関係	あり
情報共有	あり
紛争解決	協議会
水の配分方法	なし
交渉	──
備考	──

コロラド川流域

コロラド川、ティフアナ川、リオ・グランデ川（略）の水に関するアメリカ合衆国・メキシコ条約

関係流域	コロラド川、リオ・グランデ川、ティフアナ川、リオ・ブラボー川
主要流域	コロラド川
調印日	1944年11月14日
調印形態	2国間
調印国	アメリカ、メキシコ
主要課題	水供給
水以外の課題	その他の課題
上記に関するコメント	貯水と洪水管理を目的としたダムと貯水池の合同建設（水力発電の合同建設の可能性も示唆されている）。
監査	あり
配分	米国: ペコス川、デビルズ川、グッドイナッフ・スプリング (Goodenough spring)、アラミト・クリーク、ターリングァ・クリーク、ピント・クリークからリオ・グランデ川へと流れこむすべての水流。最下流にある国際規模の貯水ダムより下流の水流半分。コンチョス川、サンディエゴ川、サンロドリゴ川、エスコンディード川、サラド川、ラス・バカス渓谷からリオ・グランデ川に流れこむ水流の3分の1（431.721MCM／分）。（下記につづく）
強制措置	なし
不均衡な権力関係	あり
情報共有	あり

紛争解決	不明
水の配分方法	複雑だが明確
交渉	委員会は、1国への一時的な分流化に関する管理権限を持つ。また「(略)このような水利用において、継続的な分流化に関する権利は発生しない」と条件づけられている。
備考	フォート・クイットマンと最下流に位置する国際貯水ダム間にありリオ・グランデ川に流れこむその他のすべての水流(測定されていない支流を含む)の半分。メキシコ:コロラド川から1.850BCM／秒(最大2.1BCM)。サンファン川とアラモ川の全水流。最下流に位置する国際貯水ダム下流のリオ・グランデ川の半分。コンチョス川、サンディエゴ川、サンロドリゴ川、エスコンディード川、サラド川、ラス・バカス渓谷の3分の2。フォート・クイットマンと最下流に位置する国際貯水ダムのあいだにありリオ・グランデ川に流れこむその他のすべての水流(測定されていない支流を含む)の半分。

コロラド川からメヒカリ渓谷の灌漑用地への水貸しつけに関する協定制定のための公文交換

関係流域	コロラド川
主要流域	コロラド川
調印日	1966年8月24日
調印形態	2国間
調印国	アメリカ、メキシコ
主要課題	水供給
水以外の課題	資金問題
上記に関するコメント	メキシコは、アメリカのフーバー・ダムおよびグレン・キャニオンにおける水力発電力低下に対し補償する。
監査	不明
配分	米国は1966年9月から12月にかけて4万535エーカーフィート(50MCM)の水量を放水する。その後1年から3年のあいだは、気象状況を考慮に入れながら同量を保持する。
強制措置	不明
不均衡な権力関係	あり

情報共有	不明
紛争解決	なし
水の配分方法	複雑だが明確
交渉	——
備考	——

コロンビア川流域

コロンビア川流域の水資源の合同開発に関する条約 (付属書つき)

関係流域	コロンビア川、クーテナイ (kootenai) 川
主要流域	コロンビア川
調印日	1961年1月17日
調印形態	2国間
調印国	アメリカ、カナダ
主要課題	水力発電
水以外の課題	資金問題
上記に関するコメント	カナダは貯水池を建設予定。アメリカは洪水管理に対し6440万ドルを支払い、またすべての洪水被害の経費を負担する。
監査	あり
配分	両国は発電所からの電力を折半。両国とも電力を売る権利を保持。
強制措置	なし
不均衡な権力関係	なし
情報共有	あり
紛争解決	協議会
水の配分方法	均等配分
交渉	——
備考	——

合同 (略) 条約に関する新たな協定制定のためのカナダ・アメリカ合衆国による公文交換

関係流域	コロンビア川

主要流域	コロンビア川
調印日	1964年1月22日
調印形態	2国間
調印国	アメリカ、カナダ
主要課題	洪水管理
水以外の課題	なし
上記に関するコメント	——
監査	あり
配分	カナダとアメリカは、前条約では「消費利用を目的とした分流化の権利が両国に与えられている」ことを確認した。
強制措置	なし
不均衡な権力関係	なし
情報共有	あり
紛争解決	なし
水の配分方法	不明瞭
交渉	——
備考	——

カナダの受給資格売買(略)承認に関する協定制定のためのカナダ・アメリカ合衆国による公文交換

関係流域	コロンビア川
主要流域	コロンビア川
調印日	1964年1月22日
調印形態	2国間
調印国	アメリカ、カナダ
主要課題	水力発電
水以外の課題	資金問題
上記に関するコメント	この条約は1961年1月17日に調印された条約にもとづいており、実際に前条約で合意された価格(2億5440万ドル)で水を販売している。
監査	不明
配分	電力の販売は30年間つづいた。

強制措置	不明
不均衡な権力関係	なし
情報共有	不明
紛争解決	不明
水の配分方法	複雑だが明確
交渉	——
備考	——

カナダの受給資格購入（略）承認に関する協定制定のためのカナダ・アメリカ合衆国による公文交換

関係流域	コロンビア川
主要流域	コロンビア川
調印日	1964年9月16日
調印形態	2国間
調印国	アメリカ、カナダ
主要課題	水力発電
水以外の課題	資金問題
上記に関するコメント	米国は条約で定められた水力発電計画における電力販売価格として2億5440万ドルをカナダに支払った。
監査	不明
配分	前述のように、カナダは水力発電量の半分と、水路変更により派生した水流からの水力発電量の半分を得ることになっている。
強制措置	不明
不均衡な権力関係	なし
情報共有	あり
紛争解決	その他の政府機関
水の配分方法	複雑だが明確
交渉	条約では、下流で失われた電力に対する補償のための詳細な数値が定められている。毎kW時2.70ミルズ、毎月の補償量に対し1kWあたり46セントを提供。
備考	常任技術委員会も設置された。

コンゴ川流域

経済的利害をめぐる（略）諸議題に関する（略）会議

関係流域	エムポゾ（M'Pozo）川
主要流域	コンゴ川
調印日	1927年7月20日
調印形態	2国間
調印国	ベルギー、ポルトガル
主要課題	水力発電
水以外の課題	資金問題
上記に関するコメント	電力の一部は、下流国のポルトガル（アンゴラ）に供給される。
監査	不明
配分	──
強制措置	不明
不均衡な権力関係	不明
情報共有	あり
紛争解決	国連、第三者機関
水の配分方法	不明
交渉	洪水が発生した地域ではすべての被害に対し補償される。
備考	ダムからの電力の15％はアンゴラに供給される。

クネネ川流域

クネネ川の水利用規制（略）協定

関係流域	クネネ川
主要流域	クネネ川
調印日	1926年7月1日
調印形態	2国間
調印国	南アフリカ、ポルトガル
主要課題	水力発電

水以外の課題	なし
上記に関するコメント	——
監査	不明
配分	——
強制措置	不明
不均衡な権力関係	不明
情報共有	不明
紛争解決	不明
水の配分方法	均等配分
交渉	
備考	条約は灌漑と水力発電を扱っている。南アフリカへの分流化により経済的利益が生じた場合は、水の利用料が支払われる。

南アフリカとアンゴラの委任統治領の境界線に関する（略）公文交換

関係流域	クネネ川
主要流域	クネネ川
調印日	1931年4月29日
調印形態	2国間
調印国	南アフリカ、ポルトガル
主要課題	水供給
水以外の課題	なし
上記に関するコメント	——
監査	不明
配分	——
強制措置	不明
不均衡な権力関係	不明
情報共有	不明
紛争解決	不明
水の配分方法	不明瞭
交渉	——
備考	オバムボランドOvambolandの住民に飲料用と畜牛用の水が供給された。

南アフリカ・ポルトガル協定

関係流域	クネネ川
主要流域	クネネ川
調印日	1969年1月21日
調印形態	2国間
調印国	ポルトガル、南アフリカ
主要課題	水供給
水以外の課題	資金問題
上記に関するコメント	南アフリカは、ダム費用、洪水被害にあった土地および作業場に対する補償を提供した。
監査	不明
配分	ポルトガルはルアカナで測定された水流の50％を得る。ポルトガルはオバムボランドでの灌漑用に水流の50％（最大6㎥／秒）を無料で得る。
強制措置	不明
不均衡な権力関係	不明
情報共有	不明
紛争解決	不明
水の配分方法	均等配分
交渉	水流、2つの水力発電所、水供給の規制を目的とした。合同技術委員会の設置。南アフリカには812万5000ランドの支払い義務があり、20年間にわたり5％ずつ返済される。
備考	この条約はおもに資金問題を取り扱った。南アフリカはダムからの電力をkWに対し、流水量に対する割合で定められた額で、ポルトガルに支払う。

ダニューブ川流域

ソビエト・ルーマニアの国境における政治制度および最終議定書に関する条約

関係流域	ダニューブ川

主要流域	ダニューブ川
調印日	1949年11月25日
調印形態	2国間
調印国	ソビエト、ルーマニア
主要課題	洪水管理
水以外の課題	資金問題
上記に関するコメント	関連事項: すべての作業の費用は両国により均等に負担される。
監査	不明
配分	——
強制措置	不明
不均衡な権力関係	あり
情報共有	不明
紛争解決	不明
水の配分方法	なし
交渉	——
備考	——

ソビエト・ハンガリーの国境における政治制度および最終議定書に関する条約

関係流域	ダニューブ川
主要流域	ダニューブ川
調印日	1950年2月24日
調印形態	2国間
調印国	ソビエト、ハンガリー
主要課題	洪水管理
水以外の課題	なし
上記に関するコメント	——
監査	あり
配分	——
強制措置	不明
不均衡な権力関係	あり
情報共有	あり

紛争解決	不明
水の配分方法	なし
交渉	——
備考	——

洪水防止対策と国境付近の流域規制に関する〈ソビエト〉・〈ハンガリー〉会議

関係流域	チサ川
主要流域	ダニューブ川
調印日	1950年6月9日
調印形態	2国間
調印国	ソビエト、ハンガリー
主要課題	洪水管理
水以外の課題	なし
上記に関するコメント	——
監査	あり
配分	——
強制措置	不明
不均衡な権力関係	あり
情報共有	あり
紛争解決	不明
水の配分方法	なし
交渉	——
備考	——

リスバッハ (Rissbach) 地区、デュラッハ (Durrach) 地区、ウォルチェン (Walchen) 地区における分流化に関する協定

関係流域	アイサール (Isar) 川、リスバッハ (Rissbach) 川
主要流域	ダニューブ川
調印日	1950年10月16日
調印形態	2国間
調印国	オーストリア、ドイツ（ドイツ連邦共和国）

主要課題	水供給
水以外の課題	なし
上記に関するコメント	——
監査	不明
配分	オーストリアはリスバッハ川とその支流を引水する権利を、無償で放棄することに同意した。また、デュラッハ川、ケセルバッハ（Kesselbach）川（略）、ブラセルバッハ（Blaserbach）川（略）、ドルマンバッハ（Dollmannbach）川などの支流に関しては、無償で引水することに同意した。
強制措置	不明
不均衡な権力関係	不明
情報共有	不明
紛争解決	なし
水の配分方法	なし
交渉	——
備考	——

オーストリア-バイエルン発電所株式会社（Österreichisch-Bayerische Kraftwerke AG）に関する〈オーストリア〉・〈ドイツ〉協定

関係流域	イン川、ザルツァハ川
主要流域	ダニューブ川
調印日	1950年10月16日
調印形態	2国間
調印国	オーストリア、ドイツ（ドイツ連邦共和国）
主要課題	水力発電
水以外の課題	資金問題
上記に関するコメント	株式会社を設立し、株式資本により水力発電資源の開発資金の一部をまかなった。
監査	あり
配分	水権利の売却
強制措置	協議会
不均衡な権力関係	なし

情報共有	あり
紛争解決	協議会
水の配分方法	不明瞭
交渉	──
備考	この条約で対象となったのはイン川、ザルツァハ川のみでダニューブ川は含まれなかった。

ドナウクラフトワーク・ヨッヘンシュタイン株式会社（Donaukraftwerk-Jochenstein Aktiengesellschaft）に関する協定

関係流域	ダニューブ川
主要流域	ダニューブ川
調印日	1952年2月13日
調印形態	多国間
調印国	ドイツ連邦共和国（西ドイツ）、オーストリア
主要課題	水力発電
水以外の課題	なし
上記に関するコメント	──
監査	不明
配分	対立を避けるため（可能な限り平等な）水権利許可書を同時発行。
強制措置	協議会
不均衡な権力関係	なし
情報共有	あり
紛争解決	協議会
水の配分方法	不明瞭
交渉	──
備考	──

洪水防止対策とプルート川流域規制に関する〈ソビエト〉・〈ルーマニア〉会議

関係流域	ダニューブ川、プルート川
主要流域	ダニューブ川
調印日	1952年12月25日

調印形態	2国間
調印国	ソビエト、ルーマニア
主要課題	洪水管理
水以外の課題	なし
上記に関するコメント	——
監査	あり
配分	——
強制措置	不明
不均衡な権力関係	あり
情報共有	あり
紛争解決	協議会
水の配分方法	なし
交渉	——
備考	——

国境流域における（略）技術的、経済的な議題の和解に関する〈チェコスロバキア〉・〈ハンガリー〉協定

関係流域	ダニューブ川、チサ川
主要流域	ダニューブ川
調印日	1954年4月16日
調印形態	2国間
調印国	ハンガリー、チェコスロバキア
主要課題	洪水管理
水以外の課題	なし
上記に関するコメント	建設作業中、両国によりさまざまな便宜が計られた。
監査	あり
配分	両国は「自然流水量の半分を自由に利用できる（略）ただし人工的な介入により増加された水流はこれに含まれない（略）」
強制措置	不明
不均衡な権力関係	不明
情報共有	あり
紛争解決	不明

水の配分方法	均等配分
交渉	──
備考	両国は「国境付近の水流や川底の状態に極端な影響を及ぼすような計画の実施」に対しては水権利を許可しないことに合意した。

ドラバ川の水をめぐる経済問題に関する〈ユーゴスラビア〉政府・〈オーストリア〉政府会議

関係流域	ドラバ川
主要流域	ダニューブ川
調印日	1954年5月25日
調印形態	2国間
調印国	オーストリア、ユーゴスラビア
主要課題	水供給
水以外の課題	資金問題
上記に関するコメント	ユーゴスラビアは産業製品の82.5GWの報酬として、少なくとも5万シリングを4年間で受け取る。
監査	あり
配分	細かい支流からなる複雑な河川水系は、シュワベク（Schwabeck）にて測定され、その量が維持されている。流水が200cms以下もしくは300cms以上になると、ラバムンド（Lavamünd）より下流の水流に関しては、ドラボガード（Dravograd）における貯水池の水を1MCM未満で引水し、その差が調整される。
強制措置	不明
不均衡な権力関係	不明
情報共有	あり
紛争解決	協議会
水の配分方法	複雑だが明確
交渉	──
備考	──

4 国際水紛争事典

ムーラ川国境付近の水をめぐる経済問題に関する〈ユーゴスラビア〉・〈オーストリア〉協定

関係流域	ムーラ川
主要流域	ダニューブ川
調印日	1954年12月16日
調印形態	2国間
調印国	オーストリア、ユーゴスラビア
主要課題	洪水管理
水以外の課題	なし
上記に関するコメント	——
監査	あり
配分	——
強制措置	不明
不均衡な権力関係	不明
情報共有	あり
紛争解決	協議会
水の配分方法	なし
交渉	——
備考	ユーゴスラビア-オーストリアによるムーラ川常任委員会(Permanent Yogoslav-Austrian Commission for the Mura)の設置。

水管理システムにおける水管理および交差する水路など(略)の課題に関する〈ユーゴスラビア〉・〈ルーマニア〉協定

関係流域	ダニューブ川、チサ川
主要流域	ダニューブ川
調印日	1955年4月7日
調印形態	2国間
調印国	ルーマニア、ユーゴスラビア
主要課題	洪水管理
水以外の課題	なし
上記に関するコメント	——

監査	あり
配分	——
強制措置	協議会
不均衡な権力関係	なし
情報共有	あり
紛争解決	協議会
水の配分方法	不明
交渉	——
備考	データの記録、および他国の水に関する政治に影響を与える計画の審議を目的とした合同技術委員会の設置。

〈ユーゴスラビア〉・〈ハンガリー〉協定調印およびユーゴスラビア-ハンガリー水経済委員会(Yugoslav-Hungarian Water Economy Commission)における法令

関係流域	ムーラ川、ドラバ川、マロス川、チサ川、ダニューブ川
主要流域	ダニューブ川
調印日	1955年8月8日
調印形態	2国間
調印国	ハンガリー、ユーゴスラビア
主要課題	洪水管理
水以外の課題	なし
上記に関するコメント	——
監査	あり
配分	——
強制措置	協議会
不均衡な権力関係	不明
情報共有	あり
紛争解決	協議会
水の配分方法	不明
交渉	——
備考	国境周辺河川における開発の監督と洪水管理を目的とした委員会の設置。

水をめぐる経済問題の規制に関するハンガリー人民共和国・オーストリア共和国条約

関係流域	ダニューブ川
主要流域	ダニューブ川
調印日	1956年4月9日
調印形態	2国間
調印国	オーストリア、ハンガリー
主要課題	水供給
水以外の課題	なし
上記に関するコメント	──
監査	あり
配分	──
強制措置	協議会
不均衡な権力関係	不明
情報共有	あり
紛争解決	協議会
水の配分方法	不明瞭
交渉	条約ではおもに資金問題、経費分担、予算などに焦点が置かれた。
備考	調印国はまず計画の作業内容について討議し、その後水権利の許可に関し委員会で審議する。

国境地域の政治体制に関する〈チェコスロバキア〉・〈ハンガリー〉条約

関係流域	ダニューブ川
主要流域	ダニューブ川
調印日	1956年10月13日
調印形態	2国間
調印国	チェコスロバキア、ハンガリー
主要課題	洪水管理
水以外の課題	なし
上記に関するコメント	──
監査	不明
配分	──

強制措置	不明
不均衡な権力関係	なし
情報共有	不明
紛争解決	不明
水の配分方法	なし
交渉	——
備考	両国は相互の合意なしには水流を遮断しないことに合意した。

水をめぐる経済問題に関する〈ユーゴスラビア〉・〈アルバニア〉協定およびユーゴスラビア・アルバニア水（略）の法令

関係流域	クルニ・ドリム（Crni Drim）川、ベリ・ドリム（Beli Drim）川、ボファナ（Bojana）川、スカダール湖
主要流域	ダニューブ川
調印日	1956年12月5日
調印形態	2国間
調印国	アルバニア、ユーゴスラビア
主要課題	水力発電
水以外の課題	なし
上記に関するコメント	——
監査	あり
配分	——
強制措置	協議会
不均衡な権力関係	不明
情報共有	あり
紛争解決	不明
水の配分方法	なし
交渉	——
備考	水に関する経済委員会が設置された。

水をめぐる経済問題に関する〈ユーゴスラビア〉・〈ブルガリア〉政府協定

関係流域	ダニューブ川
主要流域	ダニューブ川

調印日	1958年4月4日
調印形態	2国間
調印国	ユーゴスラビア、ブルガリア
主要課題	産業用水
水以外の課題	なし
上記に関するコメント	協定文では通関問題に関する記載もあるが、あくまでも水が主要課題である。
監査	あり
配分	──
強制措置	なし
不均衡な権力関係	不明
情報共有	あり
紛争解決	なし
水の配分方法	なし
交渉	──
備考	──

アイアンゲート水力発電所の運営と航行（略）に関する〈ユーゴスラビア〉・〈ルーマニア〉会議

関係流域	ダニューブ川
主要流域	ダニューブ川
調印日	1963年11月30日
調印形態	2国間
調印国	ユーゴスラビア、ルーマニア
主要課題	水力発電
水以外の課題	なし
上記に関するコメント	──
監査	あり
配分	──
強制措置	なし
不均衡な権力関係	不明
情報共有	あり

紛争解決	協議会
水の配分方法	均等配分
交渉	―
備考	―

建設・運営（略）に関するユーゴスラビア社会主義連邦共和国・ルーマニア社会主義共和国協定

関係流域	ダニューブ川
主要流域	ダニューブ川
調印日	1963年11月30日
調印形態	2国間
調印国	ユーゴスラビア、ルーマニア
主要課題	水力発電
水以外の課題	土地問題
上記に関するコメント	ダム建設にあたり国境線の修正
監査	あり
配分	両国は電力の半分を得る（推定200万W、年間100億KW／h）。
強制措置	不明
不均衡な権力関係	不明
情報共有	あり
紛争解決	協議会
水の配分方法	均等配分
交渉	―
備考	―

損害賠償（略）に関するユーゴスラビア社会主義連邦共和国・ルーマニア社会主義共和国会議

関係流域	ダニューブ川
主要流域	ダニューブ川
調印日	1963年11月30日
調印形態	2国間
調印国	ユーゴスラビア、ルーマニア

主要課題	水力発電
水以外の課題	資金問題
上記に関するコメント	貯水池やダム建設により発生した損害賠償
監査	不明
配分	──
強制措置	不明
不均衡な権力関係	不明
情報共有	あり
紛争解決	不明
水の配分方法	なし
交渉	──
備考	この日調印されたもう1つの条約では「アイアンゲート水力発電所の建設とダニューブ川の航行に関する投資価値と相互会計」について取り決められた。

国境地域の水管理問題の規制に関する〈オーストリア〉・〈チェコスロバキア〉条約

関係流域	ダニューブ川
主要流域	ダニューブ川
調印日	1967年12月7日
調印形態	2国間
調印国	オーストリア、チェコスロバキア
主要課題	航行
水以外の課題	資金問題
上記に関するコメント	(略) おもに維持・改善に関する問題
監査	あり
配分	「国境地域の水権利と付随する義務は今までどおり継続される。」
強制措置	協議会
不均衡な権力関係	不明
情報共有	あり
紛争解決	協議会
水の配分方法	均等配分

交渉	──
備考	条約では以下が対象に含まれる。「1国での取り決めが隣国に深刻な影響を及ぼすような（略）国境を横断または国境に隣接して流れる河川」

ラージカーゴニュ（Rajka-Gönyü）領域における河川管理の確立（略）に関する〈チェコスロバキア〉・〈ハンガリー〉協定

関係流域	ダニューブ川
主要流域	ダニューブ川
調印日	1968年2月27日
調印形態	2国間
調印国	チェコスロバキア、ハンガリー
主要課題	航行
水以外の課題	なし
上記に関するコメント	──
監査	不明
配分	──
強制措置	不明
不均衡な権力関係	なし
情報共有	あり
紛争解決	協議会
水の配分方法	なし
交渉	合同河川管理機関の設置
備考	──

スティンカーコステスチ水力技術計画（Stinca – Costesti hydraulic engineering scheme）の合同構築に関する〈ルーマニア〉・〈ソビエト〉協定

関係流域	プルート川
主要流域	ダニューブ川
調印日	1971年12月16日
調印形態	2国間
調印国	ソビエト、ルーマニア
主要課題	水力発電

水以外の課題	資金問題
上記に関するコメント	洪水地域への賠償
監査	あり
配分	──
強制措置	不明
不均衡な権力関係	あり
情報共有	あり
紛争解決	協議会
水の配分方法	均等配分
交渉	国境線の修正
備考	──

ダニューブ川保護と持続可能な利用に向けた協力のための草案会議

関係流域	ダニューブ川
主要流域	ダニューブ川
調印日	1994年6月30日
調印形態	多国間（調印国ではなく会議参加国）
調印国	──
主要課題	汚染問題
水以外の課題	なし
上記に関するコメント	──
監査	あり
配分	調印国は「水質保全と持続可能な水利用（略）」すなわち「安定かつ環境に優しい開発のための基準」を保証する。
強制措置	なし
不均衡な権力関係	不明
情報共有	あり
紛争解決	国連、第三者機関
水の配分方法	なし
交渉	──
備考	自国の国境内に2000k㎡以上の河川地帯を有する場合は「考慮すべき河川範囲」と見なされる。条約では部分的な管理から包括的な

「河川管理」へと移行している。

ドーロ川流域

ドーロ川の国境付近の水力発電開発規制に関するスペイン・ポルトガル会議

関係流域	ドーロ川、ウェブラ川、エスラ川、トルメス川
主要流域	ドーロ川
調印日	1927年8月11日
調印形態	2国間
調印国	スペイン、ポルトガル
主要課題	水力発電
水以外の課題	なし
上記に関するコメント	——
監査	あり
配分	各国は2つの海域のあいだに流れる河川の水利用に関する独占権を有する。両国はおたがいの領土で利用される水量が減少しないよう運営している。
強制措置	協議会
不均衡な権力関係	不明
情報共有	あり
紛争解決	協議会
水の配分方法	複雑だが明確
交渉	——
備考	——

Convenio entre España y Portugal para Regular el Aprovechamiento hydroelectrico de los tramos internacionales de rio Duero y de sus afluentes （原文のまま表記）

関係流域	ドーロ川
主要流域	ドーロ川

調印日	1964年7月16日
調印形態	2国間
調印国	スペイン、ポルトガル
主要課題	水力発電
水以外の課題	なし
上記に関するコメント	――
監査	あり
配分	――
強制措置	協議会
不均衡な権力関係	不明
情報共有	なし
紛争解決	協議会
水の配分方法	複雑だが明確
交渉	
備考	議題は水力発電利用のみで、その他に関しては一切議論されていない。委員会は、水力発電量を減少させる分流化などを含め両国の水配分を設定する。規制委員会（Limits Commission）も発言力を有する。国際協議会（The International Consortium）は川の産業的・経済的な協力に関してのみ担当する。

デュランス川流域

イタリアとの和平条約 （パリで調印）

関係流域	モン・スニ湖
主要流域	デュランス川
調印日	1947年2月10日
調印形態	多国間
調印国	イタリア、フランス（主要国）、連合諸国
主要課題	水力発電
水以外の課題	政治特権
上記に関するコメント	イタリアは1860年に譲渡した領域に関する公文書を引き渡す（鉄道

	使用権、その他)。
監査	不明
配分	モン・スニ地区からの水力発電利用
強制措置	武力・軍事的圧力
不均衡な権力関係	あり
情報共有	不明
紛争解決	なし
水の配分方法	なし
交渉	──
備考	この条約を機にイタリアの第2次世界大戦への参加が終了したことを踏まえて、必然的に「軍事的圧力」がここでは強制措置として扱われる。

エブロ川流域

ラヌー湖に関するフランス共和国政府・スペイン政府協定

関係流域	ラヌー湖、キャロル川、フォント-ビベ（Font-Vive）川
主要流域	エブロ
調印日	1958年7月12日
調印形態	2国間
調印国	フランス、スペイン
主要課題	水力発電
水以外の課題	なし
上記に関するコメント	──
監査	あり
配分	フランスは最低でも年間20MCMをキャロル川へ返還することに合意した。
強制措置	不明
不均衡な権力関係	不明
情報共有	あり
紛争解決	国連、第三者機関

水の配分方法	複雑だが明確
交渉	──
備考	水供給は通常の暦ではなく決められた水の年間予定表を基準に実施。

エルベ川流域

エルベ川保護国際委員会(略)会議

関係流域	エルベ川
主要流域	エルベ川
調印日	1990年10月8日
調印形態	2国間
調印国	ドイツ、スロヴァキア連邦共和国
主要課題	汚染問題
水以外の課題	なし
上記に関するコメント	──
監査	あり
配分	──
強制措置	協議会
不均衡な権力関係	あり
情報共有	あり
紛争解決	協議会
水の配分方法	なし
交渉	──
備考	──

ユーフラテス川流域

クェートの淡水供給(略)に関するイラク・クェート協定

関係流域	不特定
主要流域	ユーフラテス川

調印日	1964年2月11日
調印形態	2国間
調印国	イラク、クウェート
主要課題	水供給
水以外の課題	なし
上記に関するコメント	――
監査	不明
配分	クウェートに毎日1億2000万英ガロンの水が供給されている。
強制措置	不明
不均衡な権力関係	あり
情報共有	不明
紛争解決	不明
水の配分方法	複雑だが明確
交渉	さらに大規模な水運搬に関して交渉が継続中。
備考	――

国境における水路利用(略)に関する協定

関係流域	ブナバ・スタ(Bnava Suta)川、クラツ(Qurahtu)川、ガンジル(Gangir)川、アルベンド(Alvend)川、カンジャン(Kanjan)川
主要流域	ユーフラテス川
調印日	1975年3月6日
調印形態	2国間
調印国	イラン、イラク
主要課題	水供給
水以外の課題	なし
上記に関するコメント	国境線と地図作製に関する長期的な条約の一部。
監査	不明
配分	ブナバ・スタ川、クラツ川、ガンジル川の流水は均等に配分される。アルベンド川、カンジャン川、チャム(Cham)川、ティブ(Tib)川、ドゥベリジ(Duverij)川は1914年のトルコ帝国・イラン国境に関する委員会の報告書および「慣習に従い」配分される。
強制措置	協議会

不均衡な権力関係	なし
情報共有	なし
紛争解決	その他の政府機関
水の配分方法	均等配分
交渉	──
備考	──

ガンビア川流域

イギリス・フランス協定

関係流域	ガンビア川
主要流域	ガンビア川
調印日	1889年8月10日
調印形態	2国間
調印国	イギリス、フランス
主要課題	航行
水以外の課題	なし
上記に関するコメント	──
監査	不明
配分	──
強制措置	不明
不均衡な権力関係	なし
情報共有	不明
紛争解決	不明
水の配分方法	不明
交渉	──
備考	この条約では、フランスが「メラコリー（Mellacoree）川とイギリスのスカーシーズ（Scarcies）川の完全な統括権を有する」と定められた。

イギリス・フランスの書簡交換

関係流域	ガンビア川
主要流域	ガンビア川
調印日	1895年2月4日
調印形態	2国間
調印国	イギリス、フランス
主要課題	水供給
水以外の課題	なし
上記に関するコメント	──
監査	不明
配分	現地の河川周辺居住者がこれまで利用してきた水量を維持（明らかな計測はされていない）。
強制措置	不明
不均衡な権力関係	なし
情報共有	不明
紛争解決	不明
水の配分方法	不明
交渉	交渉の主要課題は国境であった。現地住民（国境について無関心であった）と、彼らのこれまでの河川利用が焦点となり対処された。住民の水の利用量は低いと思われていた。そうでないとしても、条項はなにも設けられていない。
備考	「右岸の住民にはこれまでの制限範囲内での河川利用が認められ、航行と水利用に関してはシエラ・リオネの法に従う」ことと定められた。

イギリス・フランス協定

関係流域	ガンビア川
主要流域	ガンビア川
調印日	1906年10月19日
調印形態	2国間
調印国	イギリス、フランス
主要課題	水供給

水以外の課題	なし
上記に関するコメント	──
監査	不明
配分	──
強制措置	不明
不均衡な権力関係	なし
情報共有	不明
紛争解決	不明
水の配分方法	不明
交渉	──
備考	新しい国境の制定により、牧草地、耕作地、水源地、給水場は分断されたが、現地住民には引きつづきこれらの利用が認められた。

国境線に関するシエラ・レオネとフランス領ギニアの（略）協定制定のための公文交換

関係流域	ガンビア川
主要流域	ガンビア川
調印日	1913年9月4日
調印形態	2国間
調印国	イギリス、フランス
主要課題	水力発電
水以外の課題	なし
上記に関するコメント	──
監査	不明
配分	──
強制措置	不明
不均衡な権力関係	なし
情報共有	不明
紛争解決	不明
水の配分方法	不明
交渉	──
備考	将来の水力発電利用に対し条件つき許可が与えられた。また、フラ

ンスに完全管理されている河川の両岸の居住民に対して水利用権が与えられた。

ガンビア川流域開発機関の設立に関する会議

関係流域	ガンビア川
主要流域	ガンビア川
調印日	1978年6月30日
調印形態	多国間
調印国	ガンビア、セネガル、ギニア
主要課題	産業用水
水以外の課題	なし
上記に関するコメント	——
監査	あり
配分	——
強制措置	不明
不均衡な権力関係	不明
情報共有	あり
紛争解決	協議会
水の配分方法	不明
交渉	——
備考	ガンビア川に関する各分野の機関を創設。(閣僚評議会、高等弁務団、常任水委員会)

ガンジス川流域

シルサ地域の西ヤムナ運河をめぐるイギリス政府・パティアーラ州協定

関係流域	ガンジス川
主要流域	ガンジス川
調印日	1893年8月29日
調印形態	2国間
調印国	イギリス、インド(パティアーラ)

主要課題	水供給
水以外の課題	資金問題
上記に関するコメント	ダムによって洪水被害にあった建物への補償。
監査	あり
配分	英国政府は運河における水供給を独占管理しており、水の共有は地域の規模によってイギリスおよびパティアーラ領の統合体制により決定される。
強制措置	不明
不均衡な権力関係	あり
情報共有	あり
紛争解決	なし
水の配分方法	複雑だが明確
交渉	英国との交渉は通常どおり一方的に進行した。植民地支配関係の典型的な例。
備考	英国は状況を完全に支配していた。イギリスはパティアーラの住民のために灌漑設備を提供した。

コシ川計画に関するインド政府・ネパール政府協定

関係流域	コシ川
主要流域	ガンジス川
調印日	1954年4月25日
調印形態	2国間
調印国	インド、ネパール
主要課題	水力発電
水以外の課題	資金問題
上記に関するコメント	洪水地域に対する賠償の対象は4種類にわかれる（耕作地、森林、村〔不動産〕、荒地）。
監査	あり
配分	水力発電量の50％は各国に均等に配分される。インドはすべての水供給を規制する権限を有する。ただし、灌漑、水供給、その他の目的に関して〈ネパール〉が水を必要とする場合、その権利を差別してはならない。

強制措置	なし
不均衡な権力関係	あり
情報共有	あり
紛争解決	国連、第三者機関
水の配分方法	複雑だが明確
交渉	——
備考	——

ガンダク川灌漑・発電計画（Gandak Irrigation and Power Project）に関する〈ネパール〉・〈インド〉協定

関係流域	ガンダク川、バグマティ川
主要流域	ガンジス川
調印日	1959年12月4日
調印形態	2国間
調印国	インド、ネパール
主要課題	水力発電
水以外の課題	その他の課題
上記に関するコメント	水力発電設備、小規模の灌漑運河（インドは20キューセック以下の運河建設の費用を負担する）。
監査	あり
配分	4万エーカーの土地を灌漑するのに十分な水（最低20キューセック）がネパールに供給される。同量の水がインドにも供給されるが、その水は10万3500エーカーを灌漑するのに十分である。インドは発電所で生産される1万5000kWのうち最低5000kWを利用するが、電力に関しては合意レートにもとづき課金してもよい。
強制措置	なし
不均衡な権力関係	あり
情報共有	あり
紛争解決	国連、第三者機関
水の配分方法	複雑だが明確
交渉	——
備考	ネパールは「折々必要な水の供給に関して（略）」灌漑用水を引く権

利を継続して有する。この文章は1954年の協定と一語一句違わない。両国における不足分は事前に測定される。

コシ計画の〈ネパール〉・〈インド〉改訂協定

関係流域	コシ川
主要流域	ガンジス川
調印日	1966年12月19日
調印形態	2国間
調印国	ネパール、インド
主要課題	水力発電
水以外の課題	土地問題
上記に関するコメント	用途が明確な土地、および不明確な土地に関しては、インドが補償する。用途が明確な土地に関しては199年にわたり貸与される。
監査	あり
配分	ネパールは、「折々必要に応じて、灌漑およびその他の国内における目的のためにコシ川およびその流域より水を引くすべての権利を有する」。インドは川からの水供給を発電のみに制限する。
強制措置	不明
不均衡な権力関係	あり
情報共有	あり
紛争解決	その他の政府機関
水の配分方法	不明瞭
交渉	──
備考	インドはネパールに対して石、砂利、道床、木材を補償。インドはネパールに対して、土地の損害および計画により浸水した不動産に対して賠償した。

インド・バングラデシュ合同河川委員会の制定法

関係流域	ガンジス川、ブラマプトラ川
主要流域	ガンジス川
調印日	1972年11月24日
調印形態	2国間

調印国	インド、バングラデシュ
主要課題	水供給
水以外の課題	なし
上記に関するコメント	——
監査	不明
配分	——
強制措置	不明
不均衡な権力関係	あり
情報共有	不明
紛争解決	不明
水の配分方法	なし
交渉	——
備考	洪水管理に関して、「両国にとって共有の河川流域の恩恵を最大限引きだし、もっとも効果的な共同作業を確実なものとするため、関係国間の連絡を担う」委員会を設置した。

ファラッカにおけるガンジス川の共有利用と流水増加に関する〈バングラデシュ〉・〈インド〉協定

関係流域	ガンジス川
主要流域	ガンジス川
調印日	1977年11月5日
調印形態	2国間
調印国	インド、バングラデシュ
主要課題	水供給
水以外の課題	なし
上記に関するコメント	——
監査	あり
配分	過去の平均流水量の75％が配分される。これらのQ値は1948年から1973年にかけ10日ごとに増加している。10日ごとに配分がなされ、インドは75％のうち約40％を受け取る。
強制措置	なし
不均衡な権力関係	あり

情報共有	あり
紛争解決	その他の政府機関
水の配分方法	複雑だが明確
交渉	協定の有効期間は5年間。インドが厳密に協定に従うかどうかは追求されなかった。第三者機関の介入を排除する規約が設けられた。
備考	流水量が予想値の80％を下回る場合でも、バングラデシュはその80％以上をかならず受け取る。また、流水量が75％を越えた場合は、「水は規定された割合で配分される。」インドはダムより下流の最大200キューセックに限り水利用を許可されている。

チャンドラ運河と揚水運河の修復と拡大、西コシ運河の配分に関する〈ネパール〉・〈インド〉協定

関係流域	コシ川
主要流域	ガンジス川
調印日	1978年4月7日
調印形態	2国間
調印国	ネパール、インド
主要課題	水供給
水以外の課題	資金問題
上記に関するコメント	インドは修復と改築のための資金を部分的に出資した。ネパールは労働力、調査、その他の支援を提供した。
監査	あり
配分	ネパールには（すでに配分されている64キューセックに加えて）300キューセックが供給される。また、新しい供給所における土地を取得する。
強制措置	不明
不均衡な権力関係	あり
情報共有	あり
紛争解決	なし
水の配分方法	複雑だが明確
交渉	──
備考	この協定は保全と新規工事のために調印された。チャンドラ運河は

（水路から土を除去することで）本来の許容量である11キューセックまで修復される。頭首工の修復も行われる。

合同河川委員会会議

関係流域	ガンジス川
主要流域	ガンジス川
調印日	1983年7月20日
調印形態	2国間
調印国	インド、バングラデシュ
主要課題	水供給
水以外の課題	なし
上記に関するコメント	——
監査	あり
配分	インド——39％、バングラデシュ——36％、未定——25％（未定分はこのまま残される予定）。
強制措置	なし
不均衡な権力関係	あり
情報共有	あり
紛争解決	なし
水の配分方法	複雑だが明確
交渉	インド・バングラデシュ共同河川委員会は、乾期におけるガンジス川の水流増加のために、経済的に実効可能な基本構想を3年以内に調査・研究する。
備考	この条約は18か月間に限定して施行される予定であった。洪水の予測と警報システムに関しても議論された。

ファラッカにおけるガンジス川（ガンガ川）の共有に関する〈インド〉・〈バングラデシュ〉条約

関係流域	ガンジス川
主要流域	ガンジス川
調印日	1996年12月12日
調印形態	2国間

調印国	インド、バングラデシュ
主要課題	水供給
水以外の課題	なし
上記に関するコメント	──
監査	あり
配分	──
強制措置	なし
不均衡な権力関係	あり
情報共有	あり
紛争解決	不明
水の配分方法	複雑だが明確
交渉	──
備考	バングラデシュ誕生の発端となった1971年のパキスタンでの戦争終結25周年目に条約は調印された。

ガシュ川流域

ガシュ川の水利用法に関する（略）公文交換

関係流域	ガシュ川
主要流域	ガシュ川
調印日	1925年6月15日
調印形態	2国間
調印国	イギリス、イタリア
主要課題	水供給
水以外の課題	資金問題
上記に関するコメント	スーダンはエルトリアに対し、ガシュ川およびガシュ・デルタから灌漑した土地より得られる収入の一部を支払う。
監査	不明
配分	エルトリアは65MCMの利用権を有する。エルトリアは17CM／秒を上限として水流の半分を利用することができる。残りの流水はすべてカッサラーへの配分となる。

強制措置	不明
不均衡な権力関係	不明
情報共有	不明
紛争解決	不明
水の配分方法	複雑だが明確
交渉	――
備考	下流の周辺諸国のため、一定量の水を水路に残す必要がある。エルトリアは、ガシュ地方からあがる5万ポンドを上回る収入の20％を受け取る。エルトリアは最大で65MCMを受け取った。

スーダン政府の灌漑の顧問官・管理者とエルトリアの農業管理者間の書簡

関係流域	ガシュ川
主要流域	ガシュ川
調印日	1951年4月18日
調印形態	2国間
調印国	スーダン、エルトリア
主要課題	水供給
水以外の課題	なし
上記に関するコメント	この協定の支払い金額が以前の協定で定められたものに優先するかは不明。
監査	不明
配分	――
強制措置	不明
不均衡な権力関係	不明
情報共有	不明
紛争解決	不明
水の配分方法	複雑だが明確
交渉	――
備考	以前の灌漑規模が再確認された。エルトリアは以前同様、最大65MCMを受け取る。この時点では、独立国家間の協定として調印された。

五大湖水域

国境付近の水流と国境問題に関するイギリス・アメリカ合衆国条約

関係流域	五大湖、コロンビア川、ナイアガラ川
主要流域	五大湖
調印日	1910年5月5日
調印形態	2国間
調印国	アメリカ、イギリス（カナダ）
主要課題	水供給
水以外の課題	なし
上記に関するコメント	──
監査	あり
配分	米国はナイアガラ滝上流の水2万cfsを上限に分流化させてよい（水力発電に限る）。イギリス（カナダ）は3万6000cfsまで分流化してよい（水力発電に限る）。分流の値は、エリー湖に影響を与えないように設定された。両国とも、国境河川の自然な水流に影響を与えないことに合意した。
強制措置	なし
不均衡な権力関係	なし
情報共有	あり
紛争解決	協議会
水の配分方法	複雑だが明確
交渉	委員会が解決することのできない意見の不一致は、ハーグ条約（1907年10月18日）によって定められた仲裁人に従う。
備考	小規模河川も灌漑用水を配分された。セントメリー川とミルク川およびその支流（モンタナ川、アルバータ川、サスカチュアン川）は1つの河川として扱われた。灌漑期（4月1日から10月31日）には、アメリカにミルク川の500cfsもしくはその時の自然水流の75％が優先的に供給され、カナダにセントメリー川の500cfsもしくはその時の自然水流の75％が供給される。

ウッズ湖の水位規制に関するアメリカ合衆国・カナダ協定

関係流域	五大湖、レイニー川
主要流域	五大湖
調印日	1925年2月24日
調印形態	2国間
調印国	イギリス（カナダ）、アメリカ
主要課題	洪水管理
水以外の課題	資金問題
上記に関するコメント	カナダは補強作業および湖の水位規制に必要な計測のため27万5000ドルを支払った。追加費用は平等に折半される。
監査	あり
強制措置	協議会
不均衡な権力関係	なし
情報共有	あり
紛争解決	協議会
水の配分方法	不明
交渉	──
備考	──

特定地域の開発をめぐる協定制定のための（略）アメリカ合衆国・（略）カナダによる公文交換

関係流域	セントローレンス川
主要流域	五大湖
調印日	1940年11月7日
調印形態	2国間
調印国	アメリカ、カナダ
主要課題	水力発電
水以外の課題	資金問題
上記に関するコメント	「予備工事とその他の調査」のために1000万ドルがアメリカより支払われた。
監査	あり
配分	5000cfsの追加分が水力発電のためカナダに配分された。

強制措置	なし
不均衡な権力関係	なし
情報共有	あり
紛争解決	なし
水の配分方法	複雑だが明確
交渉	——
備考	——

電力の臨時分流化に関する（略）アメリカ合衆国政府・カナダ政府による公文交換

関係流域	ナイアガラ川
主要流域	五大湖
調印日	1941年5月20日
調印形態	2国間
調印国	アメリカ、カナダ
主要課題	水力発電
水以外の課題	なし
上記に関するコメント	——
監査	不明
配分	カナダの水力発電力強化のため5000cfsが追加され、さらに3000cfsがアメリカから提供された。
強制措置	不明
不均衡な権力関係	なし
情報共有	不明
紛争解決	なし
水の配分方法	複雑だが明確
交渉	——
備考	——

追加事項に関する（略）アメリカ合衆国政府・カナダ政府の協定制定のための公文交換

関係流域	ナイアガラ川

主要流域	五大湖
調印日	1941年11月27日
調印形態	2国間
調印国	アメリカ、カナダ
主要課題	水力発電
水以外の課題	なし
上記に関するコメント	──
監査	不明
配分	水力発電のため、カナダには6000cfs、アメリカには7500cfsが追加された。
強制措置	不明
不均衡な権力関係	なし
情報共有	不明
紛争解決	なし
水の配分方法	複雑だが明確
交渉	──
備考	──

ナイアガラ川の水利用に関するアメリカ合衆国・カナダ条約

関係流域	ナイアガラ川
主要流域	五大湖
調印日	1950年2月27日
調印形態	2国間
調印国	アメリカ、カナダ
主要課題	水力発電
水以外の課題	資金問題
上記に関するコメント	両国とも建設費の50％を負担することで合意。
監査	不明
配分	特定の期間内は10万cfs、その他の期間においては5万cfsが、ナイアガラ滝から分配される。電力は50％ずつわけられる。
強制措置	なし
不均衡な権力関係	なし

情報共有	あり
紛争解決	協議会
水の配分方法	なし
交渉	──
備考	──

セントローレンス海路計画に関するカナダ・アメリカ合衆国による協定制定のための公文交換

関係流域	セントローレンス川
主要流域	五大湖
調印日	1952年6月30日
調印形態	2国間
調印国	アメリカ、カナダ
主要課題	水力発電
水以外の課題	資金問題
上記に関するコメント	カナダは水路拡大計画の費用として1500万ドルの融資に合意。
監査	不明
配分	──
強制措置	不明
不均衡な権力関係	なし
情報共有	あり
紛争解決	なし
水の配分方法	なし
交渉	──
備考	両国は全開発費用を平等に負担することに合意。

セントローレンス川の共同計画（略）作成における協定制定のためのアメリカ合衆国・カナダによる公文交換

関係流域	セントローレンス川
主要流域	五大湖
調印日	1953年11月12日
調印形態	2国間

調印国	アメリカ、カナダ
主要課題	水力発電
水以外の課題	なし
上記に関するコメント	——
監査	不明
配分	——
強制措置	不明
不均衡な権力関係	なし
情報共有	不明
紛争解決	不明
水の配分方法	なし
交渉	1952年10月29日の協定で合意された建設作業を監視、補佐するための合同技術委員会の設置。
備考	——

ナイアガラのコファ・ダム臨時建設に関する協定制定のための公文交換

関係流域	ナイアガラ川
主要流域	五大湖
調印日	1969年3月21日
調印形態	2国間
調印国	アメリカ、カナダ
主要課題	水力発電
水以外の課題	その他の課題
上記に関するコメント	現場の情報収集とダム建設の費用は、前協定に従って負担される。
監査	あり
配分	——
強制措置	なし
不均衡な権力関係	なし
情報共有	あり
紛争解決	なし
水の配分方法	複雑だが明確
交渉	——

発電を目的とした（略）一時的な川の分流化に関する協定制定のためのカナダ・アメリカ合衆国による公文交換

関係流域	ナイアガラ川
主要流域	五大湖
調印日	1969年3月21日
調印形態	2国間
調印国	アメリカ、カナダ
主要課題	水力発電
水以外の課題	その他の課題
上記に関するコメント	追加の水力発電に関しては均等に配分される。
監査	あり
配分	臨時コファ・ダムの設置期間中は、8000cfsから9000cfsが追加の水力発電として分配される。
強制措置	なし
不均衡な権力関係	なし
情報共有	あり
紛争解決	なし
水の配分方法	均等配分
交渉	―
備考	各政権は国内通貨で38万5500ドル相当をコファ・ダム建設に融資しなければならない。

地下水流域

アデンの水供給に関するイギリスとアブダリのスルタンによる会議

関係流域	
主要流域	地下水
調印日	1910年4月11日
調印形態	2国間

調印国	イギリス、アデン(イエメン)
主要課題	水供給
水以外の課題	資金問題
上記に関するコメント	維持管理と借地料として毎月3000ルピーが支払われる。
監査	不明
配分	―
強制措置	不明
不均衡な権力関係	あり
情報共有	不明
紛争解決	なし
水の配分方法	なし
交渉	―
備考	適切な場所へ井戸を設置し、その水はイギリスの永続的利用のため、運河で運搬された。初期の地下水協定の1つ。

グァディアナ川流域

Convenio y Protocola adicional para regular el uso y aprovechamiento hidraulico de los tramos internacionales de los rios Miño, Limia, Tajo…. (原文のまま表記)

関係流域	ミーオ川、グァディアナ川
主要流域	グァディアナ川
調印日	1968年5月29日
調印形態	2国間
調印国	スペイン、ポルトガル
主要課題	水力発電
水以外の課題	なし
上記に関するコメント	協力体制にもとづく建設の権利が両岸の国に供与されている。
監査	あり
配分	―
強制措置	協議会

不均衡な権力関係	——
情報共有	あり
紛争解決	協議会
水の配分方法	複雑だが明確
交渉	——
備考	委員会とは別に監視機関が存在する。

セグンド議定書

関係流域	ミーオ川
主要流域	グァディアナ川
調印日	1976年2月12日
調印形態	2国間
調印国	スペイン、ポルトガル
主要課題	水力発電
水以外の課題	なし
上記に関するコメント	両国とも河川での建設に対し、可能な限り自国企業を採用する。
監査	あり
配分	——
強制措置	協議会
不均衡な権力関係	不明
情報共有	あり
紛争解決	協議会
水の配分方法	なし
交渉	——
備考	1968年条約のミーオ川に関する追加条項。調印はあとでなされた。

ヘルマンド川流域

ヘルマンド川デルタ委員会による委任事項および（略）会議出席者の合意を得た解釈表明文書

関係流域	ヘルマンド川

主要流域	ヘルマンド川
調印日	1950年9月7日
調印形態	2国間
調印国	アフガニスタン、イラン
主要課題	水供給
水以外の課題	なし
上記に関するコメント	──
監査	あり
配分	第三者機関である委員会によって決定される。
強制措置	なし
不均衡な権力関係	不明
情報共有	あり
紛争解決	不明
水の配分方法	不明瞭
交渉	──
備考	ヘルマンド川デルタ委員会 (Helmand River Delta Commission) が設置され、2つの調印国間における水流の測量・分割の役割を担った。

インダス川流域

エジュール・ダルバール (Edur Durbar) とイギリス政府の約定条項

関係流域	ハスマティ (Hathmatee) 川
主要流域	インダス川
調印日	1874年7月20日
調印形態	2国間
調印国	イギリス、インド(エジュール)
主要課題	水供給
水以外の課題	その他の課題
上記に関するコメント	洪水地域への航行はイギリスにより支給されたダブルボートが使用される。小規模な土地に関する課題。
監査	あり

4 国際水紛争事典

配分	エジュールには配分の半分が供給され、イギリスは残り半分を自国の灌漑用水として利用する。
不均衡な権力関係	あり
情報共有	あり
紛争解決	その他の政府機関
水の配分方法	均等配分
交渉	エジュールの王はダム建設に合意。イギリスは片側に水供給のための放水口を設置することに合意した。王は他の場所を提言したが不適切と判断された。
備考	家屋が浸水した場合、担当技術者の見積もりに従いイギリスが費用を賠償する。

灌漑用水の供給の規制（略）をめぐるイギリス・ジンド州協定改訂

関係流域	インダス川
主要流域	インダス川
調印日	1892年9月16日
調印形態	2国間
調印国	インド（ジンド）、イギリス
主要課題	水供給
水以外の課題	資金問題
上記に関するコメント	水、運搬に対する支払い
監査	不明
配分	ジンドは5万エーカーを灌漑するために十分な水を受け取ったが、実際の流水量は6万エーカー分に及んだ。貯水能力なし。
強制措置	武力・軍事的圧力
不均衡な権力関係	あり
情報共有	不明
紛争解決	不明
水の配分方法	複雑だが明確
交渉	ほぼすべての計画が行政命令によって施行された。
備考	水に対する支払いは、大英帝国の所有する国・地域における灌漑費用をもとにコンピューターにより算出された。1892年度の費用は約10

万5500ルピーであった。

シルヒンド運河に関するイギリスとパティアーラ州、ジンド州、ナバによる最終協定

関係流域	インダス川（シルヒンド運河）
主要流域	インダス川
調印日	1904年2月23日
調印形態	多国間
調印国	イギリス、インド（パティアーラ、ジンド、ナバ）
主要課題	水供給
水以外の課題	資金問題
上記に関するコメント	貯水供給への運用経費、突発的な被害に対する賠償（万が一の場合）
監査	あり
配分	パティアーラへは82.6％、ナバへは8.8％、ジンドへは7.6％の水が供給される。イギリス支配下の村は近隣の村と同じ割合の灌漑用水を受け取る。
強制措置	なし
不均衡な権力関係	あり
情報共有	あり
紛争解決	その他の政府機関
水の配分方法	複雑だが明確
交渉	――
備考	全体の流水配分量が設定値に満たない場合、技術者が割合に応じ水量を減少させる。または、全流水量を1か所に集中させ、適量に達し次第その場所への流水を完全にせき止め、他へ流水を供給する。

運河水流をめぐる（略）抗争に関するインド・パキスタン政府の領土間条約

関係流域	インダス川
主要流域	インダス川
調印日	1948年5月4日
調印形態	2国間

調印国	インド、パキスタン
主要課題	水供給
水以外の課題	資金問題
上記に関するコメント	インドへ通貨主権および通貨発行利益が支払われる。
監査	不明
配分	インドはインダス川上流域からの流水を徐々に減少させ、パキスタンの水不足の地域および東パンジャブ州の一部未開発地域の開発をうながす。
強制措置	なし
不均衡な権力関係	あり
情報共有	あり
紛争解決	なし
水の配分方法	不明瞭
交渉	——
備考	「シムラ協定」とも呼ばれる。

東パキスタン国境紛争解決のためのインド・パキスタン協定 (付属書つき)

関係流域	インダス川
主要流域	インダス川
調印日	1959年10月23日
調印形態	2国間
調印国	インド、パキスタン
主要課題	水供給
水以外の課題	土地問題
上記に関するコメント	インドはコルノフリ・ダムのための土地を提供。
監査	なし
配分	洪水による損害賠償としてインドが提供した土地はダム建設のため水没した。
強制措置	なし
不均衡な権力関係	あり
情報共有	なし
紛争解決	協議会

水の配分方法	なし
交渉	国境河川が他国の領土にかからないよう整備することに合意。また、報道機関への挑発的な報告を控えることに合意。
備考	条約により国境線が河川沿いに設置された。付属書により軍事的国境紛争の発生時における「基本原則」が定められた。「さまざまな理由により国境付近で重なる〈銃声〉が確認されている。」この対立関係を背景に国境対立を緩和させる手段が考察された。地域行政官の会議が毎月第2週目に開かれることになった。

西パキスタン・インド国境紛争に関するパキスタン・インド協定

関係流域	インダス川
主要流域	インダス川
調印日	1960年1月11日
調印形態	2国間
調印国	パキスタン、インド
主要課題	水供給
水以外の課題	土地問題
上記に関するコメント	国境紛争のいくつかはこの協定により解決された。すべてではないが一部紛争地域では、両国とも要求を取り下げた。
監査	あり
強制措置	不明
不均衡な権力関係	あり
情報共有	あり
紛争解決	その他の政府機関
水の配分方法	なし
交渉	パキスタンはチャク・ラデーク（Chak Ladheke）への要求を取り下げ、インドは3つの村に対する要求を取り下げた。フサイニワラ（Hussainiwala）頭首工の国境は厳格に制定されており、またスレイマンク（Suleimanke）頭首工の国境に関しても合意されている。5番目の国境紛争は未解決である。
備考	国境線は河川の形状の変化によって影響されないように取り決められている。それには川が完全に一方の国に移行する場合も含まれる。

また国境線に関する定期会合も設けられている。

インダス川条約

関係流域	インダス川
主要流域	インダス川
調印日	1960年9月19日
調印形態	2国間
調印国	インド、パキスタン
主要課題	水供給
水以外の課題	資金問題
上記に関するコメント	以前、東部河川から灌漑されていた地域における灌漑運河の代替費用は6206万ポンドである。1970年3月31日の有効期間が3年まで延長された場合、費用がインドに支払われる。
監査	あり
配分	インド——東部河川のすべての流水。しかし、これらの川からの水供給は1970年3月31日までとし、延期された場合はそれ以降まで継続予定。パキスタン——西部河川のすべての流水。
強制措置	協議会
不均衡な権力関係	あり
情報共有	あり
紛争解決	協議会、次いで中立な第三者機関
水の配分方法	複雑だが明確
交渉	最初に技術的な計画が使用されたが、後に政治的な取り組みの必要性が認識された。第三者機関の仲裁役が不可欠であった。
備考	——

ヨルダン川流域

ヤルムク川の水利用に関するシリア共和国・ヨルダンハシミテ王国協定

関係流域	ヤルムク川
主要流域	ヨルダン川

調印日	1953年6月4日
調印形態	2国間
調印国	ヨルダン、シリア
主要課題	水供給
水以外の課題	その他の課題
上記に関するコメント	シリアは水力発電量の75％を得る（4月中旬から10月中旬は3MW以上）。
監査	あり
配分	「ヨルダンの灌漑およびその他の計画のために」平均で10cm以上の流水がダムより供給される。「シリアは、引きつづき、領土内にある（略）すべての源泉を利用する権利を保持する。ただし、地下250mより深い井戸より揚水した水は対象外。
強制措置	なし
不均衡な権力関係	不明
情報共有	不明
紛争解決	不明
水の配分方法	不明瞭
交渉	シリアは、マカリン（Maqarin）設置費用の5％を負担し、作業者の20％を提供する。
備考	ヨルダンは貯水池の余剰流水およびマカリン発電所（ヨルダン領土内のアダシヤ［Adasiya］発電所も含む）の利用権を保持する。また、ヨルダンは、シリアの余剰流水をみずからの需要にあわせヨルダン領土内で利用する権利を持つ。

ジョンストン交渉

関係流域	ヨルダン川
主要流域	ヨルダン川
調印日	1955年12月31日
調印形態	多国間（調印国ではなく参加国）
調印国	イスラエル、ヨルダン、シリア、レバノン
主要課題	水供給
水以外の課題	資金問題

上記に関するコメント	米国は、合意が締結されることを条件に、地域の水関連計画における費用の一部を負担することに合意。
監査	なし
配分	シリア: 132MC（10.3％）、ヨルダン: 720MCM（56％）、イスラエル: 400MCM（31.0％）、レバノン: 35MCM。各国の灌漑可能地域を対象とする。
強制措置	経済制裁
不均衡な権力関係	あり
情報共有	なし
紛争解決	国連、第三者機関
水の配分方法	複雑だが明確
交渉	ジョンストンは資源問題と政治問題をわけようとしたが、その試みは失敗に終わった。
備考	――

アラバ（アラヴァ）渡河点にて調印された（略）〈イスラエル〉・〈ヨルダン〉和平条約

関係流域	ヨルダン川、ヤルムク川、アラバ（アラヴァ）地下水
主要流域	ヨルダン川
調印日	1994年10月26日
調印形態	2国間
調印国	イスラエル、ヨルダン
主要課題	水供給
水以外の課題	その他の課題
上記に関するコメント	――
監査	あり
配分	ヤルムク川――夏期: イスラエルに12MCM、ヨルダンに残りの流水量が供給される。冬期: イスラエルに13MCM、ヨルダンに残りの流水量が供給される。また、イスラエルに20MCMが供給されるが、後に返納しなければならない。ヨルダン川――夏期: イスラエル、ヨルダンともに現在の水利用権を保持。冬期: ヨルダンには、洪水から20MCMが供給される。両国ともに、洪水による余剰分を貯水目的

	に汲みあげることが許可されている。
強制措置	不明
不均衡な権力関係	不明
情報共有	あり
紛争解決	協議会
水の配分方法	複雑だが明確
交渉	──
備考	ヨルダンには塩類泉の約20MCMから淡水化された10MCMの流水が供給される。また、50MCMの飲料水を求めて両国は合同調査を行なっている。イスラエルには、現在の地下水揚水から10MCM以上が供給されている。このような揚水は、水文地質学的にも実行可能で、現在のヨルダンの水利用にも悪影響を与えない。

ウェストバンクとガザストリップにおけるイスラエル・パレスチナ暫定協定

関係流域	ヨルダン川
主要流域	ヨルダン川
調印日	1995年9月28日
調印形態	2国間
調印国	イスラエル、パレスチナ自治区
主要課題	水供給
水以外の課題	資金問題
上記に関するコメント	イスラエルは新たな水運搬に対する資本開発費用を負担する。
監査	あり
配分	イスラエルはパレスチナの水利用権を認識している。
強制措置	協議会
不均衡な権力関係	不明
情報共有	あり
紛争解決	国連、第三者機関
水の配分方法	複雑だが明確
交渉	イスラエルは、パレスチナへ追加分の水を供給する。配分量はヘブロン（1MCM）、ラマラ（0.5MCM）、サルフィト（0.6MCM）、ナブ

	ルス(1MCM)、ジェニーン(1.4MCM)、ガザ(5MCM)。パレスチナは、2.1MCMの水をナブルスへ、17MCM(東部帯水層より)をヘブロン、ベツレヘム、ラマラへ供給する。
備考	水関連の予算は極端に不足しており、それに対する具体的な解決策を模索中(未解決)。17MCMでは、継続的な供給量として不十分。

チャド湖水域

チャド湖水域(略)に関する会議と制定法

関係流域	チャド湖
主要流域	チャド湖
調印日	1964年5月22日
調印形態	多国間
調印国	カメルーン、チャド、ニジェール共和国、ナイジェリア
主要課題	産業用水
水以外の課題	なし
上記に関するコメント	──
監査	不明
配分	──
強制措置	協議会
不均衡な権力関係	なし
情報共有	あり
紛争解決	協議会
水の配分方法	なし
交渉	──
備考	水域内の経済発展が主要課題である。委員会は、一般規約の作成、周辺4か国による調査活動の調整、各国の開発計画の検証、事業提案および各国間の連絡調整などの役割を担う。

チチカカ湖水域

チチカカ湖の共有利用に関する（略）合同調査委員会設立のためのペルー・ボリビアによる公文交換

関係流域	チチカカ湖
主要流域	チチカカ湖
調印日	1955年4月20日
調印形態	2国間
調印国	ペルー、ボリビア
主要課題	水力発電
水以外の課題	なし
上記に関するコメント	──
監査	不明
配分	──
強制措置	不明
不均衡な権力関係	不明
情報共有	あり
紛争解決	不明
水の配分方法	なし
交渉	──
備考	経済発展の可能性を探る調査委員会が設置された。

チチカカ湖の共有利用に関する初期段階の経済調査のためのボリビア・ペルー協定

関係流域	チチカカ湖
主要流域	チチカカ湖
調印日	1957年2月19日
調印形態	2国間
調印国	ペルー、ボリビア
主要課題	水力発電
水以外の課題	なし

上記に関するコメント	——
監査	なし
配分	——
強制措置	不明
不均衡な権力関係	不明
情報共有	あり
紛争解決	不明
水の配分方法	なし
交渉	——
備考	「効率的かつ均等な需要の供給には電力発電所が何基必要となるかを検討するため、両国における電力消費量を算出すること（略）」

マリーカ川流域

共同（略）に関するブルガリア人民共和国・トルコ共和国協定

関係流域	マリーサ川／マリーカ川、ツンザ（Tundzha）川、ベレカ（Veleka）川、レゾブスカ（Rezovska）川
主要流域	マリーカ川
調印日	1968年10月23日
調印形態	2国間
調印国	トルコ、ブルガリア
主要課題	水供給
水以外の課題	なし
上記に関するコメント	——
監査	あり
配分	——
強制措置	なし
不均衡な権力関係	不明
情報共有	あり
紛争解決	協議会
水の配分方法	なし

交渉	──
備考	委員会の設置。データ共有と共通河川における開発協力のシステムの確立。

メコン川流域

電力供給に関するラオス・タイ会議

関係流域	メコン川、ナムポン川、ナムグム川
主要流域	メコン川
調印日	1965年8月12日
調印形態	2国間
調印国	ラオス、タイ
主要課題	水力発電
水以外の課題	資金問題
上記に関するコメント	供給される電力への支払い
監査	あり
配分	──
強制措置	不明
不均衡な権力関係	不明
情報共有	あり
紛争解決	不明
水の配分方法	不明
交渉	──
備考	両国は、2つの水力発電所を結ぶ電線網を設置することに合意。

メコン川下流地域の利用法に関する〈カンボジア〉・〈ラオス〉・〈タイ〉・〈ベトナム〉による合同宣言

関係流域	メコン川
主要流域	メコン川
調印日	1975年1月31日
調印形態	多国間

調印国	カンボジア、ラオス、タイ、ベトナム
主要課題	産業用水
水以外の課題	なし
上記に関するコメント	——
監査	不明
配分	——
強制措置	不明
不均衡な権力関係	不明
情報共有	不明
紛争解決	不明
水の配分方法	不明
交渉	——
備考	この合意は原則文であり、1957年に設立されたメコン委員会の精神を引き継いだものである。

メコン川流域の持続可能な開発協力に関する協定

関係流域	メコン川
主要流域	メコン川
調印日	1995年4月5日
調印形態	多国間
調印国	カンボジア、ラオス人民民主共和国、タイ、ベトナム
主要課題	水供給
水以外の課題	なし
上記に関するコメント	——
監査	あり
配分	この協定は、合同委員会に「水利用および流域間の分流化に関する（略）規定を準備、提案するよう（略）」定めた。
強制措置	なし
不均衡な権力関係	不明
情報共有	あり
紛争解決	協議会
水の配分方法	不明

| 交渉 | —— |
| 備考 | —— |

メーメル川流域

国境水路の維持と管理に関する(略)ドイツライヒ・リトアニア共和国会議

関係流域	メーメル川、クリシェ・ハフ (Kurische Haff) 川
主要流域	メーメル川
調印日	1928年1月29日
調印形態	2国間
調印国	ドイツ、リトアニア
主要課題	洪水管理
水以外の課題	なし
上記に関するコメント	両国は砕氷費の分担（ドイツが80％、リトアニアが20％）に合意した。
監査	あり
配分	ドイツはウィスティット (Wystit) 湖の水力発電利用の権利を有する。
強制措置	不明
不均衡な権力関係	不明
情報共有	あり
紛争解決	国連、第三者機関
水の配分方法	不明
交渉	——
備考	——

ムーズ川流域

ムーズ川（略）の分流化規制などについて調印された1863年5月12日の条約に対する新協定制定のための公文交換

関係流域	ムーズ川
主要流域	ムーズ川
調印日	1961年2月24日
調印形態	2国間
調印国	オランダ、ベルギー
主要課題	水供給
水以外の課題	資金問題
上記に関するコメント	19番水門の解体費用をオランダが負担する。
監査	なし
配分	──
強制措置	なし
不均衡な権力関係	なし
情報共有	不明
紛争解決	なし
水の配分方法	不明
交渉	──
備考	条約は、分流化施設の再構築に関するものであった（順調に進行）。

ミリム・ラグーン水域

ミリム・ラグーン開発（略）に関する協定制定のための公文交換

関係流域	ミリム・ラグーン
主要流域	ミリム・ラグーン
調印日	1963年4月26日
調印形態	2国間
調印国	ブラジル、ウルグアイ
主要課題	航行
水以外の課題	なし
上記に関するコメント	──
監査	なし
配分	──

強制措置	なし
不均衡な権力関係	不明
情報共有	なし
紛争解決	その他の政府機関
水の配分方法	なし
交渉	——
備考	開発と航行が主要課題であった。

ナアタモ川流域

ナアタモ／ネイデン (Näätämo／Neiden) 川からガンドビク (Gandvik) 川への (略) 移行に関する〈フィンランド〉・〈ノルウェー〉協定

関係流域	ナアタモ川、ガンドビク川
主要流域	ナアタモ川
調印日	1951年4月25日
調印形態	2国間
調印国	ノルウェー、フィンランド
主要課題	水力発電
水以外の課題	資金問題
上記に関するコメント	1万5000ノルウェークローネが電力発電ロスの賠償金としてフィンランドへ支払われた。
監査	不明
配分	ノルウェーにおける流域間の分流化が行なわれた。ノルウェーは、フィンランドへの電力発電ロスを賠償することに合意。
強制措置	不明
不均衡な権力関係	不明
情報共有	不明
紛争解決	不明
水の配分方法	複雑だが明確
交渉	——
備考	——

ニジェール川流域

ベルリン議定書

関係流域	ニジェール川
主要流域	ニジェール川
調印日	1885年2月26日
調印形態	2国間
調印国	イギリス、フランス
主要課題	航行
水以外の課題	なし
上記に関するコメント	──
監査	不明
配分	配分なし
強制措置	不明
不均衡な権力関係	なし
情報共有	不明
紛争解決	不明
水の配分方法	なし
交渉	水路修正と運河が提供され（資金援助なし）、法令にもとづき河川の「コミュニケーションの向上」が期待された。
備考	この法令は、1963年4月にニアメーで調印された重要な条約をはじめ、その後さまざまな条約の基盤を成すものとなった。

バルセロナ会議

関係流域	ニジェール川
主要流域	ニジェール川
調印日	1921年4月20日
調印形態	多国間
調印国	イギリス、フランス、その他（河川周辺諸国？）（原文のまま表記）
主要課題	航行
水以外の課題	なし

上記に関するコメント	──
監査	不明
配分	──
強制措置	不明
不均衡な権力関係	不明
情報共有	不明
紛争解決	不明
水の配分方法	なし
交渉	──
備考	「重要な利益」を侵害しない限り、灌漑および水力発電の建設に労働力を提供。

ニジェール川周辺諸国による（略）法令

関係流域	ニジェール川
主要流域	ニジェール川
調印日	1963年10月26日
調印形態	多国間
調印国	カメルーン、チャド、ダオメー、ギニア、コートジボワール、マリ、ニジェール、ナイジェリア、アッパー・ボルタ
主要課題	産業用水
水以外の課題	なし
上記に関するコメント	──
監査	あり
配分	──
強制措置	協議会
不均衡な権力関係	なし
情報共有	あり
紛争解決	協議会
水の配分方法	なし
交渉	──
備考	──

ニジェール川委員会およびニジェール川の航行・輸送に関する協定

関係流域	ニジェール川
主要流域	ニジェール川
調印日	1964年11月25日
調印形態	多国間
調印国	ベニン、カメルーン、チャド、コートジボワール、ギニア、マリ、ニジェール、ナイジェリア、アッパー・ボルタ
主要課題	産業用水
水以外の課題	なし
上記に関するコメント	——
監査	不明
配分	——
強制措置	協議会
不均衡な権力関係	なし
情報共有	不明
紛争解決	協議会
水の配分方法	なし
交渉	——
備考	——

ニジェール河川局（Niger Basin Authority）の設立のための会議

関係流域	ニジェール川
主要流域	ニジェール川
調印日	1980年11月21日
調印形態	多国間
調印国	ベニン、カメルーン、チャド、コートジボワール、ギニア、マリ、ニジェール、ナイジェリア、アッパー・ボルタ
主要課題	産業用水
水以外の課題	なし
上記に関するコメント	——
監査	あり
配分	——

強制措置	不明
不均衡な権力関係	不明
情報共有	あり
紛争解決	協議会
水の配分方法	なし
交渉	──
備考	ニジェール川委員会がニジェール河川局へ改名。閣僚評議会、専門家による技術委員会、実行委員会が創設。条約の有効期間は10年。

ナイル川流域

境界範囲の設定に（略）関するイギリス・イタリア議定書

関係流域	ナイル川
主要流域	ナイル川
調印日	1891年4月15日
調印形態	2国間
調印国	イギリス、イタリア
主要課題	水供給
水以外の課題	なし
上記に関するコメント	──
監査	不明
配分	イタリアが大規模な分流化を行なわないことに合意したため、ほぼすべての水はイギリス（エジプト）へ流入していた。
強制措置	不明
不均衡な権力関係	不明
情報共有	不明
紛争解決	不明
水の配分方法	なし
交渉	当時イタリアは、主要国の承認のもと、リビアとエチオピアを植民地下に置くことが承認されていた。この条約は、下流周辺国でありながら強い影響力を持つイギリスの存在を顕著に表している。

| 備考 | イタリアはアトバラ川からナイル川への水流に影響を与える建設を施行しないことに合意した（おもに灌漑に関する事業）。 |

イギリス・エチオピアの公文交換

関係流域	ナイル川
主要流域	ナイル川
調印日	1902年3月18日
調印形態	2国間
調印国	イギリス、エチオピア
主要課題	水供給
水以外の課題	なし
上記に関するコメント	──
監査	不明
配分	英国は、特定の計画に関しエチオピアと合意が交わされた場合をのぞき、青ナイル川のすべての水流を独占した。
強制措置	不明
不均衡な権力関係	あり
情報共有	不明
紛争解決	不明
水の配分方法	なし
交渉	1891年のイギリスとイタリア間の条約にきわめて類似している。
備考	エチオピアは「イギリス陛下政府と（略）スーダン政府との協議なしには」、青ナイル川（もしくはツァナ湖）の水流に一切干渉しないことに合意した。

1894年5月12日にブリュッセルで調印された協定の改訂（略）協定

関係流域	ナイル川
主要流域	ナイル川
調印日	1906年5月9日
調印形態	2国間
調印国	イギリス、独立国コンゴ
主要課題	水供給

水以外の課題	なし
上記に関するコメント	——
監査	不明
配分	イギリスは変更がない限り流水の100％を独占。
強制措置	不明
不均衡な権力関係	あり
情報共有	不明
紛争解決	国連、第三者機関
水の配分方法	なし
交渉	——
備考	コンゴはアルバート湖への流水を減少させる建設事業を施行しない（もしくは許可しない）ことに合意。

イギリス・イタリア公文交換

関係流域	ナイル川
主要流域	ナイル川
調印日	1925年12月20日
調印形態	2国間
調印国	イギリス、イタリア
主要課題	水供給
水以外の課題	政治特権
上記に関するコメント	イタリアは河川開発を抑制するかわりにエチオピアにおける経済的な独占権を得た。イギリスはツァナ湖のダム建設の施工が可能となった。
監査	不明
配分	イタリアは適切な利用分をのぞき全水利権を放棄。小規模な水力発電計画および貯水池建設に移行していった。
強制措置	不明
不均衡な権力関係	不明
情報共有	不明
紛争解決	不明
水の配分方法	なし

交渉	——
備考	イタリアはエジプトとスーダンの以前からの水利権を認めた。

ナイル川の（略）灌漑利用（略）に関する公文交換

関係流域	ナイル川
主要流域	ナイル川
調印日	1929年5月7日
調印形態	2国間
調印国	イギリス、エジプト
主要課題	水供給
水以外の課題	その他の課題
上記に関するコメント	イギリスは技術援助の提供に合意。
監査	あり
配分	エジプトは1925年のナイル委員会の見解を受け入れ、スーダンによる貯水を抑制することに承認した（洪水期をのぞく）。
強制措置	不明
不均衡な権力関係	あり
情報共有	不明
紛争解決	国連、第三者機関
水の配分方法	複雑だが明確
交渉	エジプトとスーダンは、現地の水供給を増加する新しい建設事業を開始する前に、合意を取ることとした。
備考	——

タンガニーカとルアンダ・ウルンジの国境付近における水利権に関する（略）協定

関係流域	ナイル川
主要流域	ナイル川
調印日	1934年11月22日
調印形態	2国間
調印国	イギリス、ベルギー
主要課題	水供給

水以外の課題	なし
上記に関するコメント	──
監査	あり
配分	──
強制措置	不明
不均衡な権力関係	不明
情報共有	不明
紛争解決	国連、第三者機関
水の配分方法	均等配分
交渉	──
備考	産業・鉱業汚染も強く訴えられている。両国の住民は、国境を形成するすべての河川や小川を航行し、魚や水生植物の採取、および水の利用に関する許可を、慣習的な権利に従って受けるべきである。」

ウガンダのオーエン滝ダムの建設をめぐる（略）公文交換

関係流域	ナイル川
主要流域	ナイル川
調印日	1949年5月31日
調印形態	2国間
調印国	イギリス、エジプト
主要課題	水力発電
水以外の課題	なし
上記に関するコメント	──
監査	不明
配分	──
強制措置	不明
不均衡な権力関係	あり
情報共有	不明
紛争解決	国連、第三者機関
水の配分方法	なし
交渉	──
備考	ウガンダは（調印国ではないが）、ダムを通過する流水に影響を与えな

い範囲で、水力発電ダムの建設(または委託建設)を許可されている。

ウガンダのオーエン滝ダムの建設をめぐる〈イギリス〉(略)・〈エジプト〉による協定制定のための公文交換

関係流域	ナイル川
主要流域	ナイル川
調印日	1949年12月5日
調印形態	2国間
調印国	エジプト、イギリス(ウガンダ)
主要課題	水力発電
水以外の課題	資金問題
上記に関するコメント	ダム建設に対する契約費は363万9549イギリスポンド、人口水路の契約費は12万4866ポンドに達した。
監査	あり
配分	1929年ナイル川協定を参照。
強制措置	なし
不均衡な権力関係	あり
情報共有	あり
紛争解決	協議会
水の配分方法	なし
交渉	——
備考	——

気象分野における(略)協力体制に関する〈イギリス〉(ウガンダの代理として[略])・〈エジプト〉による協定制定のための公文交換

関係流域	ナイル川
主要流域	ナイル川
調印日	1950年1月19日
調印形態	2国間
調印国	エジプト、イギリス(ウガンダ)
主要課題	水力発電
水以外の課題	資金問題

上記に関するコメント	気象・水力に関するデータ収集に4200エジプトポンド（最大で4500エジプトポンド）を支払う予定。
監査	あり
配分	──
強制措置	不明
不均衡な権力関係	不明
情報共有	あり
紛争解決	不明
水の配分方法	なし
交渉	──
備考	──

ウガンダのオーエン滝ダム建設に関する協定制定のための〈イギリス（ウガンダ）〉・〈エジプト〉による公文交換

関係流域	ナイル川
主要流域	ナイル川
調印日	1952年7月16日
調印形態	2国間
調印国	エジプト、イギリス（ウガンダ）
主要課題	水力発電
水以外の課題	資金問題
上記に関するコメント	エジプトはウガンダに対し98万ポンド（水力発電の損失として）、また（後に）洪水への賠償金を支払うこと。
監査	不明
配分	──
強制措置	不明
不均衡な権力関係	あり
情報共有	不明
紛争解決	なし
水の配分方法	不明
交渉	──
備考	ビクトリア湖は貯水池として利用される予定であったが、オーエン

滝ダムへの流水を減少させる結果となった。

アラブ連合共和国政府・スーダン政府協定

関係流域	ナイル川
主要流域	ナイル川
調印日	1959年11月8日
調印形態	2国間
調印国	スーダン、エジプト
主要課題	水供給
水以外の課題	資金問題
上記に関するコメント	エジプトは、浸水地域に対し1500万エジプトポンドを支払う。アスワン・ダムおよびロセイレス・ダムの建設が予定されている。
監査	あり
配分	エジプトへは48BCM、スーダンへは4BCMが供給された。スーダン湿地の乾燥による被害の復旧費用は、両国で均等に配分されることが合意。サンデル・アアリ（Sudd el Aali）貯水池の総利益は14.5：7.5の割合で配分された。
強制措置	不明
不均衡な権力関係	不明
情報共有	あり
紛争解決	協議会
水の配分方法	複雑だが明確
交渉	——
備考	技術委員会の設置。合意内容が他の国に提示される。他国への流水の減少分は均等に負担される。湿地乾燥による被害防止計画の開始。

オーデル川流域

国境河川の水資源利用に関する〈チェコスロバキア〉・〈ポーランド〉協定

関係流域	オーデル（Oder）川
主要流域	オーデル川

調印日	1958年3月21日
調印形態	2国間
調印国	チェコスロバキア、ポーランド
主要課題	水供給
水以外の課題	なし
上記に関するコメント	――
監査	あり
配分	――
強制措置	協議会
不均衡な権力関係	なし
情報共有	あり
紛争解決	なし
水の配分方法	なし
交渉	契約国は、国内利用、産業用水、電力発電、農業用水のため、国境付近の水流の総使用量および排水放出量に関する合意を締結すること。
備考	――

パーツジョキ川流域

パスビク（Pasvik／Paatsjoki）川とヤコブセルブ（Jakobselv）（略）の国際水関連法に関する〈ノルウェー〉・〈フィンランド〉会議

関係流域	パーツジョキ（Paatsjoki）川、ブオレマジョキ（Vuoremajoki）川
主要流域	パーツジョキ川
調印日	1925年2月14日
調印形態	2国間
調印国	フィンランド、ノルウェー
主要課題	水供給
水以外の課題	なし
上記に関するコメント	――
監査	なし
配分	両国は、流水量を均等に配分。川の両岸が1国の領土内に存在する

場合のみ、その国がすべての流水量を得る。

強制措置	なし
不均衡な権力関係	不明
情報共有	あり
紛争解決	国連、第三者機関
水の配分方法	均等配分
交渉	——
備考	——

フィンランド領からソビエト領への土地の一部譲渡に関する〈ソビエト〉・〈フィンランド〉協定

関係流域	パーツジョキ川
主要流域	パーツジョキ川
調印日	1947年2月3日
調印形態	2国間
調印国	ソビエト、フィンランド
主要課題	水力発電
水以外の課題	土地問題
上記に関するコメント	フィンランドはヤニスコスキ（Jäniskoski）水力発電所とニスカコスキ（Niskakoski）川管理ダム周辺の土地176k m²を譲渡する。
監査	不明
配分	——
強制措置	不明
不均衡な権力関係	あり
情報共有	不明
紛争解決	不明
水の配分方法	不明
交渉	——
備考	——

河川水路の維持と漁猟規制(略)に関する〈フィンランド〉・〈ソビエト〉会議

関係流域	複数河川

主要流域	なし
調印日	1922年10月28日
調印形態	2国間
調印国	ソビエト、フィンランド
主要課題	漁業
水以外の課題	なし
上記に関するコメント	——
監査	不明
配分	——
強制措置	不明
不均衡な権力関係	不明
情報共有	あり
紛争解決	不明
水の配分方法	なし
交渉	——
備考	——

カイアコスキ（略）ダムの方法を踏襲したイナリ湖の規制に関する〈ソビエト〉・〈ノルウェー〉・〈フィンランド〉協定

関係流域	パーツジョキ川
主要流域	パーツジョキ川
調印日	1959年4月29日
調印形態	多国間
調印国	ソビエト、フィンランド、ノルウェー
主要課題	水力発電
水以外の課題	資金問題
上記に関するコメント	ソビエトはイナリ湖の損害賠償としてフィンランドに7500万フィンランドマルカを支払った。
監査	あり
配分	貯水池の1日の放水量は80cmから240cmであるが、増水による洪水の恐れがある場合は、放水量は500cmに増やされる。逆に、貯水池の水量が115.83mslまで減少した場合は、45cmに減らされる。

強制措置	なし
不均衡な権力関係	あり
情報共有	あり
紛争解決	協議会
水の配分方法	なし
交渉	フィンランドは、イナリ湖およびパーツジョキ川の政権領土に影響する計画を施行しない(または他国に許可しない)ことに合意した。
備考	——

パラナ川流域

アカライ川とモンディ (Monday) 川 (略) の水力発電の利用における合同調査に関する〈ブラジル〉・〈パラグアイ〉協定

関係流域	アカライ川、モンディ川
主要流域	パラナ川
調印日	1956年1月20日
調印形態	2国間
調印国	ブラジル、パラグアイ
主要課題	水力発電
水以外の課題	なし
上記に関するコメント	——
監査	あり
配分	ブラジルは、発電所で生産される電力の20%の購入権を得る。
強制措置	不明
不均衡な権力関係	あり
情報共有	あり
紛争解決	不明
水の配分方法	不明
交渉	——
備考	——

アピペ（Apipe）滝の水力発電利用の調査に関する〈アルゼンチン〉・〈パラグアイ〉協定

関係流域	パラナ川
主要流域	パラナ川
調印日	1958年1月23日
調印形態	2国間
調印国	アルゼンチン、パラグアイ
主要課題	水力発電
水以外の課題	なし
上記に関するコメント	——
監査	あり
配分	——
強制措置	不明
不均衡な権力関係	あり
情報共有	あり
紛争解決	なし
水の配分方法	不明
交渉	——
備考	水力発電の可能性調査を目的としたアルゼンチン・パラグアイ合同技術委員会の設置。後に両国は建設費を平等負担することに合意した。

パラナ川（略）水資源の水力発電利用に関する〈ブラジル〉・〈パラグアイ〉条約

関係流域	パラナ川、イグアス川
主要流域	パラナ川
調印日	1973年4月26日
調印形態	2国間
調印国	ブラジル、パラグアイ
主要課題	水力発電
水以外の課題	資金問題
上記に関するコメント	水力発電の将来的な利用への支払い。インフラ整備。

監査	不明
配分	——
強制措置	協議会
不均衡な権力関係	不明
情報共有	あり
紛争解決	なし
水の配分方法	不明瞭
交渉	——
備考	——

パラナ川計画協定

関係流域	パラナ川
主要流域	パラナ川
調印日	1979年10月19日
調印形態	多国間
調印国	アルゼンチン、ブラジル、パラグアイ
主要課題	水力発電
水以外の課題	なし
上記に関するコメント	——
監査	あり
配分	——
強制措置	なし
不均衡な権力関係	あり
情報共有	あり
紛争解決	なし
水の配分方法	なし
交渉	——
備考	イタイプ・ダム計画が合意され、技術協力が約束された。

パスビク川流域

パスビク (Pasvik／Paatso) 川の水力発電利用に関するノルウェー・ソビエト社会主義共和国連邦協定

関係流域	パスビク川
主要流域	パスビク川
調印日	1957年12月18日
調印形態	2国間
調印国	ソビエト、ノルウェー
主要課題	水力発電
水以外の課題	資金問題
上記に関するコメント	ソビエトは「建設に関する回避不可能な損害」に対し、ノルウェーに100万ノルウェークローネを支払う。
監査	あり
配分	河口から70.32m地点までの水を、水力発電利用に割りあてる。ソビエトは、川の0m地点から21m地点まで、および51.87m地点フジェア Fjaer 湖から70.32m地点(川がソビエト・ノルウェー国境線と交差する地点)までを利用することができる。
強制措置	不明
不均衡な権力関係	あり
情報共有	あり
紛争解決	なし
水の配分方法	複雑だが明確
交渉	──
備考	ソビエトは水力発電所の運行のため領土を提供した(実際の譲渡はなかった)。合計6.7ヘクタール。

ピルコマーヨ川流域

ピルコマーヨ川に関する〈アルゼンチン〉・〈パラグアイ〉補足国境条約

関係流域	ピルコマーヨ川
主要流域	ピルコマーヨ川
調印日	1945年6月1日
調印形態	2国間
調印国	アルゼンチン、パラグアイ
主要課題	水供給
水以外の課題	なし
上記に関するコメント	——
監査	あり
配分	——
強制措置	不明
不均衡な権力関係	あり
情報共有	あり
紛争解決	不明
水の配分方法	不明
交渉	——
備考	合同技術委員会が設置され、ピルコマーヨ川の引きこみ作業と貯水作業が計画された。また、貯水池や運河により2国間国境が明確化された。

ライン川流域

ロスポート／ライリンゲンのザウアー川水力発電所建設に関する国家間条約

関係流域	ライン川
主要流域	ライン川
調印日	1950年4月25日

調印形態	2国間
調印国	ルクセンブルグ、ドイツ（FRG）
主要課題	水力発電
水以外の課題	なし
上記に関するコメント	──
監査	不明
配分	ルクセンブルグは、ダムからの電力を100％得る。また、ダム上流のドイツ側における水運搬は、平等な水量がダムより上流の地域にも与えられるという条件でのみ許可される。
強制措置	不明
不均衡な権力関係	あり
情報共有	あり
紛争解決	協議会
水の配分方法	複雑だが明確
交渉	──
備考	──

オウル（Our）川における水力発電所建設に関する〈ルクセンブルグ〉・〈西ドイツ〉国家間条約

関係流域	オウル川
主要流域	ライン川
調印日	1958年7月10日
調印形態	2国間
調印国	ルクセンブルグ、西ドイツ
主要課題	水力発電
水以外の課題	なし
上記に関するコメント	──
監査	あり
配分	──
強制措置	不明
不均衡な権力関係	あり
情報共有	あり

紛争解決	不明
水の配分方法	不明
交渉	——
備考	発電所は、完成時には純96万kWの電力生産が予定される。

コンスタンス湖の水引きあげに関する〈西ドイツ〉・〈オーストリア〉・〈スイス〉協定

関係流域	ライン川
主要流域	ライン川
調印日	1966年4月30日
調印形態	多国間
調印国	ドイツ連邦共和国、オーストリア、スイス
主要課題	水供給
水以外の課題	なし
上記に関するコメント	——
監査	あり
配分	集水域外の750 ℓ /秒以内、および集水域内の1500 ℓ /秒以内の水利用は、報告の必要なし。
強制措置	なし
不均衡な権力関係	なし
情報共有	あり
紛争解決	協議会
水の配分方法	不明瞭
交渉	——
備考	集水域外の750 ℓ /秒以上、および集水域内の1500 ℓ /秒以上の水利用のための引水に関しては、報告および承認の必要あり。引水の事実は、将来における特定水量に関するいかなる要求をも正当化しない。

ライン川開発に関するストラスブール・ラウターブール会議

関係流域	ライン川
主要流域	ライン川

調印日	1969年7月4日
調印形態	2国間
調印国	ドイツ（FRG）、フランス
主要課題	水力発電
水以外の課題	資金問題
上記に関するコメント	両国は、9000万から1億マルクに達する建設費を半分ずつ負担することに合意した。
監査	あり
配分	両国は、2つの水力発電所から年間に生産される1280GWh相当を半分ずつ得る。
強制措置	なし
不均衡な権力関係	なし
情報共有	あり
紛争解決	協議会
水の配分方法	均等配分
交渉	――
備考	――

リオ・グランデ川流域

リオ・グランデ川に国際的なダム施設（略）の一部となるアミスタッド・ダムを建設するための協定

関係流域	リオ・グランデ川
主要流域	リオ・グランデ川
調印日	1960年10月24日
調印形態	2国間
調印国	アメリカ、メキシコ
主要課題	水力発電
水以外の課題	なし
上記に関するコメント	――
監査	不明

配分	──
強制措置	不明
不均衡な権力関係	あり
情報共有	なし
紛争解決	なし
水の配分方法	なし
交渉	──
備考	──

ロヤ川流域

マントン居住区への水供給に関するフランス・イタリア会議

関係流域	ロヤ川
主要流域	ロヤ川
調印日	1967年9月28日
調印形態	2国間
調印国	フランス、イタリア
主要課題	水供給
水以外の課題	資金問題
上記に関するコメント	水利用から派生する義務として1000万リラを前払いする。
監査	あり
配分	フランスはロヤ川から400ℓ/秒を利用できる。ロヤ川の100ℓ/秒はベンティミリアへと流れつづける(イタリアへ)。ロヤ川の水流が5600ℓ/秒以下の際は、水量は比例的に減量される。
強制措置	協議会
不均衡な権力関係	なし
情報共有	あり
紛争解決	国連、第三者機関
水の配分方法	複雑だが明確
交渉	分流化工事の資材と汲みあげは関税対象外。
備考	この条約は70年間有効である。条約には汲みあげ施設についても記

されており、水供給を受ける双方の町の共同出資で建設され、国境の両側に1か所ずつ置かれることになっている。

ルユマ川流域

タンガニーカ領とモザンビークの境界線に関する（略）公文交換

関係流域	ルユマ川流域
主要流域	ルユマ川
調印日	1936年5月11日
調印形態	2国間
調印国	イギリス、ポルトガル
主要課題	水供給
水以外の課題	なし
上記に関するコメント	——
監査	不明
配分	——
強制措置	不明
不均衡な権力関係	不明
情報共有	不明
紛争解決	不明
水の配分方法	なし
交渉	——
備考	河岸の住民は、無制限に揚水、漁業、塩精製のための塩砂の除去などの権利を与えられた。

セネガル川流域

バマコ会議

関係流域	セネガル川
主要流域	セネガル川

調印日	1963年7月26日
調印形態	多国間
調印国	セネガル、マリ、モーリタニア、ギニア
主要課題	産業用水
水以外の課題	なし
上記に関するコメント	――
監査	あり
配分	――
強制措置	不明
不均衡な権力関係	不明
情報共有	あり
紛争解決	協議会
水の配分方法	なし
交渉	不明
備考	不明

ダカール会議

関係流域	セネガル川
主要流域	セネガル川
調印日	1970年1月30日
調印形態	多国間
調印国	セネガル、マリ、モーリタニア、ギニア
主要課題	水力発電
水以外の課題	なし
上記に関するコメント	――
監査	不明
配分	――
強制措置	協議会
不均衡な権力関係	不明
情報共有	不明
紛争解決	不明
水の配分方法	なし

交渉	───
備考	ダム建設に関して合意。また、港・運河は改善され、水路は 300 cm／秒で放水可能となる。

センク川流域

レソト高原水計画に関する〈レソト〉・〈南アフリカ共和国〉条約

関係流域	センク川／オレンジ川
主要流域	センク川／オレンジ川
調印日	1986年10月1日
調印形態	2国間
調印国	南アフリカ共和国、レソト
主要課題	水力発電
水以外の課題	資金問題
上記に関するコメント	建設事業への融資。各国の支払額によって利益の割合が決定する。ここでは南アフリカ共和国の利益は水供給、レソトは電力を指す。
監査	あり
配分	南アフリカ共和国は計画進行に伴いより多くの水量を受け取る。例えば、1995年の時点では57MCMであったものが2020年には2208MCMへ増加予定。
強制措置	協議会
不均衡な権力関係	あり
情報共有	あり
紛争解決	協議会
水の配分方法	複雑だが明瞭
交渉	───
備考	南アフリカ共和国は水のために、レソトは（結果的に）貯水池からの水力発電のために、この条約を望んだ。

セピック川流域

国境管理の取り決めに関する〈オーストラリア（パプアニューギニア）〉・〈インドネシア〉協定

関係流域	セピック川、フライ川
主要流域	セピック川、フライ川
調印日	1973年11月13日
調印形態	2国間
調印国	パプアニューギニア、インドネシア
主要課題	汚染問題
水以外の課題	なし
上記に関するコメント	おもに、水供給ではなく越境権に関する課題。
監査	なし
配分	先住民の川からの揚水などの伝統的権利、漁業、社会的慣習・儀式。
強制措置	なし
不均衡な権力関係	不明
情報共有	なし
紛争解決	なし
水の配分方法	不明瞭
交渉	──
備考	他国への汚水流出を禁止することに合意。その他、先住民および彼らの伝統的権利、とくに社会的権利および漁業権などに関して合意。

シル・ダリア川

アラル海（略）における合同取り組みに関する協定

関係流域	アラル海、シル・ダリア川、アム・ダリア川
主要流域	シル・ダリア川
調印日	1993年3月26日
調印形態	多国間

調印国	カザフスタン、キルギスタン、タジキスタン、トルクメニスタン、ウズベキスタン
主要課題	汚染問題
水以外の課題	その他の課題
上記に関するコメント	ロシアは調印国でないにも関わらず、資金・技術援助を確約している。
監査	あり
配分	配分量に関しては不明。事実上、この協定は水供給の配分および自然増加は考慮されていないと考えられる。
強制措置	なし
不均衡な権力関係	不明
情報共有	あり
紛争解決	なし
水の配分方法	なし
交渉	この協定は10年間の契約で、さらに10年の延期が可能となっている。また、「アラル海域危機国家協議会」が設置され、執行委員会、水資源調整委員会、〈開発と協力〉委員会の3つの委員会から構成されている。
備考	この協定書の中には（アルマトゥイで1992年2月18日に調印された）以前の条約が言及されている。「ロシア連邦」は水管理・供給に対して技術的、財政的援助（具体的な数値は不明）、砂漠化防止への取り組み、「環境監査システム」、トレーニングの提供に合意した。

アラル海国際協議会（ICAS）のECの働きに関する（略）中央アジア諸国首脳の決議

関係流域	アラル海、シル・ダリア川、アム・ダリア川
主要流域	シル・ダリア川
調印日	1995年3月3日
調印形態	多国間
調印国	カザフスタン、キルギスタン、タジキスタン、トルクメニスタン、ウズベキスタン
主要課題	汚染問題

水以外の課題	資金問題
上記に関するコメント	アラル救済国際基金（IFAS）への資金援助に合意。
監査	不明
配分	なし
強制措置	なし
不均衡な権力関係	不明
情報共有	あり
紛争解決	なし
水の配分方法	なし
備考	アラル海国際協議会（ICAS）のメンバーを設置することが、この協定の主目的である。

ウルグアイ川流域

サルトグランデ地域のウルグアイ川の水流利用に関する協定

関係流域	ウルグアイ川
主要流域	ウルグアイ川
調印日	1946年12月30日
調印形態	2国間
調印国	アルゼンチン、ウルグアイ
主要課題	水力発電
水以外の課題	資金問題
上記に関するコメント	水力発電施設への費用の負担は両国で均等に配分される。
監査	あり
配分	──
強制措置	協議会
不均衡な権力関係	あり
情報共有	あり
紛争解決	協議会
水の配分方法	なし
交渉	──

備考　　　　　　　　──

ビスワ川流域

国境地域の水資源利用に関する〈ポーランド〉・〈ソビエト〉協定

関係流域	ビスワ（Vistula）川
主要流域	ビスワ川
調印日	1964年7月17日
調印形態	2国間
調印国	ソビエト、ポーランド
主要課題	洪水管理
水以外の課題	なし
上記に関するコメント	──
監査	あり
配分	──
強制措置	不明
不均衡な権力関係	あり
情報共有	あり
紛争解決	なし
水の配分方法	不明
交渉	両国とも相手国の資源利用に影響する事業は実施しないことに合意。
備考	この協定では、洪水対策だけでなくさまざまな分野における協力体制が討議されている。両国とも、水の純度に関する基準の策定および汚染管理のシステムづくりに取り組んでいる。

ブオクサ川流域

イマトラ（略）に区分されるブオクシ（Vuoksi）川の1区域における電力生産に関する〈フィンランド〉・〈ソビエト〉協定

関係流域	ブオクサ（Vuoksa）川

主要流域	ブオクサ川
調印日	1972年7月12日
調印形態	2国間
調印国	ソビエト、フィンランド
主要課題	水力発電
水以外の課題	その他の課題
上記に関するコメント	フィンランドに対し、損失した1万9900MWhの流水量分が永続的に補償される。
監査	あり
配分	──
強制措置	協議会
不均衡な権力関係	あり
情報共有	あり
紛争解決	その他の政府機関
水の配分方法	複雑だが明確
交渉	──
備考	この5か年協定は、いずれかの国が撤回を求めない限り、更なる5年間の延長が予定されている。

ザンベシ川流域

ポルトガルのシェア渓谷（Shirê valley）計画への参加（略）に関する協定制定のための〈イギリス〉・〈ポルトガル〉による公文交換

関係流域	ザンベシ川
主要流域	ザンベシ川
調印日	1953年1月21日
調印形態	2国間
調印国	ポルトガル、イギリス
主要課題	水力発電
水以外の課題	資金問題
上記に関するコメント	ポルトガルはダム建設費の3分の1を負担。

監査	不明
配分	——
強制措置	不明
不均衡な権力関係	不明
情報共有	不明
紛争解決	不明
水の配分方法	なし
交渉	——
備考	開墾および灌漑が検討されている。

クワンド川の特定の（略）先住民に関する〈イギリス／ローデシア-ニアサランド〉協定

関係流域	クワンド川
主要流域	ザンベシ川
調印日	1954年11月18日
調印形態	2国間
調印国	イギリス（ローデシア、ニアサランド）、ポルトガル
主要課題	——
水供給	——
水以外の課題	なし
上記に関するコメント	——
監査	不明
配分	——
強制措置	不明
不均衡な権力関係	不明
情報共有	不明
紛争解決	不明
水の配分方法	なし
交渉	——
備考	先住民は、乾期における水供給、灌漑、漁業を目的としたクワンド川の利用が許可されている。

中央アフリカ電力公社 (Central African Power Corporation) (略) に関する協定

関係流域	ザンベシ川
主要流域	ザンベシ川
調印日	1963年11月25日
調印形態	2国間
調印国	南ローデシア、北ローデシア
主要課題	水力発電
水以外の課題	なし
上記に関するコメント	——
監査	不明
配分	両国による共同組合が、ダムの設置および安全管理を行なうために、貯水池の水位を規制している。
強制措置	不明
不均衡な権力関係	不明
情報共有	あり
紛争解決	協議会
水の配分方法	複雑だが明瞭
交渉	不明
備考	協定の有効期限は25年。アフリカ大陸にある3つのダムの内の1つで、推定される水力発電量の5％が利用されている。

(協定名なし) 南アフリカ・ポルトガル間協定

関係流域	ザンベシ川
主要流域	ザンベシ川
調印日	1967年4月1日
調印形態	2国間
調印国	南アフリカ、ポルトガル
主要課題	水力発電
水以外の課題	資金問題
上記に関するコメント	マラウイは、ダムによる電力の購入に合意。
監査	不明
配分	——

強制措置	不明
不均衡な権力関係	不明
情報共有	不明
紛争解決	不明
水の配分方法	なし
交渉	──
備考	──

索引

あ行

アスワン・ハイ・ダム　60、114、115

アタテュルク・ダム　96

アマゾン川流域　145

アムール川流域　138、146、147

アム・ダリア川　48、124、125、241、242

アメリカ合衆国・メキシコ水協定（1944年）　89、123、135、149

アメリカ合衆国・メキシコ共有帯水層　89、122

アラクス川・アトラック川流域　147

アラル海　27、39、48、58、59、89、124－126、143、144、241－243

アラル海……協定（1993年）　126、143、241

イスラエル・パレスチナ暫定協定（1993年、1995年）　61、87、89、97、100、144、206

イスラエル・ヨルダン和平条約（1994年）　61、87、97、100、144、205

インダス川水協定（1960年）　55、87、105、108、109、140、203

インダス川流域　33、58、87、106－109、198

インド政府法令（1935年）　106

インド独立法（1947年）　106

インドのネール首相　107

ウルグアイ川流域　243

「越境的な淡水域抗争」　20、23、27、29、54

「越境的な淡水域抗争の解決策」　20、23、28、29

「越境的な淡水域抗争」のデータベース　54

「越境的な淡水域抗争プロジェクト」　11、84

エブロ川流域　174

エルベ川流域　175

オーデル（Oder）川流域　226

オールイスラエル計画　98

か行

ガシュ川流域　187
カナダ・アメリカ合衆国国際共同委員会（1905年－1909年）　128
環境の安全保障　10、21、65－72、83
環境保護局　26
環境問題　12、20、26、29、38、56、58、61、66－72、90、124
ガンジス川　41、47、48、50、59、72、101－104、143、144、180－186
ガンジス川水協定（1977年）　103
ガンジス川流域　180
ガンジス－ブラマプトラ川流域　35、37、44、58、87、183
ガンダク川発電計画　61
ガンビア川流域　143、177、180
グァディアナ川流域　196
クネネ川流域　154
ケーススタディ　8－10、31、32、38、46、65、70、75－77、84、85、86
ゲーム理論　10、20、37、40－45、82、83
ケバン・ダム　94－95
航行以外の国際水流の利用についての法律に関する条約（1997年）　16
抗争解決の原則　13、80
コースの定理　38
国際水流委員会　129
国際紛争　39、42、52、75、106
国際法委員会　15、19、26
国内紛争　24、52、70
国連アジア極東経済委員会（UN－ECAFE）　110－111
国連総会　15、16、66、103
コシ川計画に関するインド政府・ネパール政府協定　61、62、137、181
五大湖水域　30、89、189
五大湖水質協定（1972年）　130
国境水域協定　60
コロラド川流域　149
コロンビア川流域　44、140、151

さ行

酸性雨をめぐる抗争　78
ザンベシ川流域　245
囚人のジレンマゲーム　38、42
常設インダス川委員会　109
条約に関する研究　55、64
ジョンストン計画　99
ジョンストン交渉　60、63、97、98、138、204
シル・ダリア川　48、124、125、241、242
水質問題　48、50、54、90、114、128、129
世界銀行　11、13、19、27、65、81、84、90、105、107、108、126、132
世界水会議　13、20
セネガル川流域　238
セピック川流域　241
センク川流域　240
センチュリー・ストーレージ・スキーム（1920年）　115
戦略行動計画（SAP）　92

た行

帯水層をめぐる抗争　61、79
多国間協定　8、58
ダニューブ川保護条約（1994年）　86、91、92
ダニューブ川流域　86、90、91、93、156
タブカ・ダム　94、95
多目的モデル（MOM）　36、39
地下水流域　195
チチカカ湖水域　208
チャド湖水域　59、141、207
長距離越境大気汚染条約（1979年）　77
停戦協定　106、107
デュランス川流域　173
デリー協定　107

東南アナトリア開発計画（GAP）　95
　　　ドーロ川流域　172

な行

　　　ナアタモ（Näätämo）川流域　214
　　　ナイル川協定　62、114、115、223
　　　ナイル川水条約　88、64
　　　ナイル川流域　32、39、44、46、88、114、115、117、218
　　　2国間協定　58、119

は行

　　　パーツジョキ（Paatsjoki）川流域　226
　　　ハイドロビア計画　88、118、119
　　　ハイパーゲームの枠組み　36
　　　パスビク（Pasvik）川流域　232
　　　バハギラティ－フーグリー川　102、103
　　　パラナ川流域　229
　　　パレート最適性　14
　　　比較ケーススタディ　10、32
　　　ピルコマーヨ川流域　233
　　　ファラッカ・ダム　102－104
　　　ブカレスト宣言（1985年）　91
　　　プラタ川流域　88、118
　　　プラタ川流域条約（1969年）　119
　　　紛争　20
　　　　解決　8、23、34、81
　　　　解決の法的側面　26
　　　　管理　8、13、14、63、80
　　　　原因　70
　　　　指標　49
　　　　要因　21、22、81
　　　ベラージオ草案条約（1989年）　61

ヘルシンキルール　14－16
ヘルマンド川流域　197

ま行

マリーカ川流域　209
水以外の課題　57、61、62、63、64
水資源のワーキンググループ　49、99、100
水理念（エソス）　50
ミリム・ラグーン水域　213
ムーズ川流域　212
メーメル川流域　212
メコン川委員会　51、52、87、110－113
メコン川委任委員会　87、110、113
メコン川流域　87、113、144、210、211

や行

ユーフラテス川流域　86、94、175
ヨルダン川流域　33、47、87、97、98、203

ら行

ライン川流域　233
リオ・グランデ川流域　236
ルユマ川流域　238
冷戦　65－67
レソト高原水計画　131、132、143、240
ロヤ川流域　237

ADR（代替抗争解決策）　13、14、24、26、29、53
BATNA（交渉における合意に対する最良の代替策）　53
FAO　26、56

著者紹介

ヘザー・L・ビーチ Heather L. Beach　研究コンサルタント兼ウェブ制作者。地理学と地図科学の修士号を修得。

ジェシー・ハムナー Jesse Hamner　ジョージア州アトランタにあるエモリー大学大学院政治学部博士課程の学生。

J・ジョセフ・ヒューイット J. Joseph Hewitt　コロンビアのミズリー大学政治学部助教授。

エディ・カウフマン Edy Kaufmanは、メリーランド大学カレッジパーク校の国際開発・紛争管理センターの上級研究員。エルサレム・ヘブライ大学にある「平和促進のためのハリー・S・トルーマン研究所」の所長でもある。

アンジャ・クルキ Anja Kurki　メリーランド大学カレッジパーク校大学院政治学部博士課程の学生。

ジョー・A・オッペンハイマー Joe A. Oppenheimer　メリーランド大学カレッジパーク校政治学部の教授。

アーロン・T・ウォルフ Aaron T. Wolf　オレゴン州立大学地球科学部の助教授。

訳者紹介

池座剛（いけざ・つよし）　ドリーム・チェイサーズ・サルーン同人。環境・社会問題を専門とする翻訳家。カリフォルニア大学で国際政治経済を学ぶ。在学中 CorporateWatch（アメリカ）、アシードジャパン、ジュビリー2000ジャパンなどのNGOで、コアスタッフとして活躍。帰国後、環境と社会問題を主要テーマとする翻訳会社、(資)アティックワークスを設立し、現在は、おもに大手企業環境報告書の翻訳を手がける。

寺村ミシェル（てらむら・みしぇる）　ドリームチェイサーズ・サルーン同人。翻訳家。アメリカ・カリフォルニア州に10年間在住。サンフランシスコ州立大学を心理学とホリスティック医療専攻で卒業。日本太平洋資料ネットワークでのインターンや企業翻訳を経て、帰国後、翻訳家として独立。心理学、ホリスティック医療、環境・社会問題、アート・マスコミ関係の翻訳を主として活動中。

発　行	二〇〇三年九月三十日　第一刷
著　者	ヘザー・L・ビーチほか（二五四ページの著者紹介参照）
訳　者	池座　剛　寺村ミシェル
発行者	池田弘一
発行所	アサヒビール株式会社
郵便番号	一三〇-八六〇二
住　所	東京都墨田区吾妻橋一-二三-一
編集発売	株式会社　清水弘文堂書房
郵便番号	一五三-〇〇四四
住　所	東京都目黒区大橋一-二三-七　大橋スカイハイツ二〇七
Eメール	shimizukobundo@mbj.nifty.com
Ｈ　Ｐ	http://homepage2.nifty.com/shimizukobundo/index.html
郵便番号	二二一-〇〇二一
編集室	清水弘文堂書房ITセンター
住　所	横浜市港北区菊名三-二三-一四　KIKUNA N HOUSE 3F
電話番号	〇四五-四三一-三五六六　FAX〇四五-四三一-三五六六
郵便振替	〇〇二三〇-〇-三一五九九三九
印刷所	プリンテックス株式会社

国際水紛争事典　流域別データ分析と解決策　ASAHI ECO BOOKS 8

□乱丁・落丁本はおとりかえいたします□

Copyright © The United Nations University, 2000
© Shimizukobundo Shobo, Inc., Japanese edition, 2003
ISBN4-87950-564-1 C0030

ASAHI ECO BOOKS 1　環境影響評価のすべて（国連大学出版局協力出版）
プラサッド・モダック　アシット・K・ビスワス著　川瀬裕之　礒貝白日編訳

「時のアセスメント」流行りの今日、環境影響評価は、プロジェクト実施の必要条件。発展途上国が環境影響評価を実施するための理論書として国連大学が作成したこのテキストは、有明海の干拓堰、千葉県の三番瀬、長野県のダム、沖縄の海岸線埋め立てなどなどの日本の開発のあり方を見直すためにも有用。
ハードカバー上製本　A5版416ページ　定価2800円＋税

ASAHI ECO BOOKS 2　水によるセラピー
ヘンリー・デイヴッド・ソロー　仙名 紀訳

古典的な名著『森の生活』のソローの心をもっとも動かしたのは水のある風景だった。
ハードカバー上製本　A5版176ページ　定価1200円＋税

ASAHI ECO BOOKS 3　山によるセラピー
ヘンリー・デイヴッド・ソロー　仙名 紀訳

いま、なぜソローなのか？名作『森の生活』の著者の癒しのアンソロジー3部作、第2弾！
ハードカバー上製本　A5版176ページ　定価1200円＋税

ASAHI ECO BOOKS 4　水のリスクマネージメント――都市圏の水問題
ジューハ・I・ウィトォー　アシット・K・ビスワス編　深澤雅子訳（国連大学出版局協力出版）

21世紀に直面するであろう極めて重大な問題は、水である。今後40年前後で清潔な水を入手できるようにするということには、億人を超える都市居住者に上下水道の普及を拡大していく必要を伴う。さらに、急成長している諸国の一層の環境破壊を防ぐには、産業生産量単位ごとの汚染を、現在から2030年までの間に90％程度減少させることが必要である。
ハードカバー上製本　A5版272ページ　定価2500円＋税

ASAHI ECO BOOKS 5　風景によるセラピー
ヘンリー・デイヴッド・ソロー　仙名 紀訳

こんな世の中だから、ソロー！『森の生活』のソローのアンソロジー――『セラピー（心を癒す）本』3部作完結編！
ハードカバー上製本　A5版272ページ　定価1800円＋税

ASAHI ECO BOOKS 6　アサヒビールの森人たち
礒貝 浩監修　教連孝匡著

「豊かさ」って、なに？この本の『ヒューマン・ドキュメンタリー』は、この主題を「森で働く人たち」を通して問いかけている。
ハードカバー上製本　A5版288ページ　定価1800円＋税

ASAHI ECO BOOKS 7　熱帯雨林の知恵
スチュワート・A・シュレーゲル　仙名 紀訳

私たちは森の世話をするために生まれた！――フィリピンのミンダナオ島に住むティドゥライ族の基本的な宇宙観では、森ないし自然一般は、人間に豊かな生活を供給するためにつくられたものであり、人間は森と仲よく共生し、森が健全であることを見届けるために存在するのだった。
ハードカバー上製本　A5版352ページ　定価2000円＋税

＊本書の読者カード（はがき）でご注文くださる場合には、送料は出版社負担とさせていただきます。